Klaus Ruhnke

QuarkXPress für Windows

**Aus dem Bereich
Computerliteratur**

Troubleshooting Windows 3.1
von Dagmar Sieberichs und Hans-Joachim Krüger

Vieweg Software-Trainer Harvard Graphics für Windows
von Wolfgang Müller

Vieweg Software-Trainer Word für Windows 2.0
von Michael Schwessinger, Thomas Schürmann und
Karin Süßer

AmiPro 3.0
von Ernst Tiemeyer und Friedel Rößler

Datenbankprogrammierung mit Paradox 4.0
von Gerhard Sielhorst und Erika Sticht

Vieweg Software-Trainer Excel 4.0
von Bernd Kretschmer und Uwe Grigoleit

**Präsentieren wie ein Profi mit
Microsoft PowerPoint 3.0**
von Hans Georg Oehring

**Microsoft Project 3.0 für Windows
Einsteigen leichtgemacht**
von Udo Berning und Elisabeth Mehrmann

QuarkXPress für Windows
von Klaus Ruhnke

Ventura Publisher 4.0
von Ulrich Flasche und G. Dario Posada-Medrano

Novell Netware 3.11 und 2.2
von Norbert Heesel und Werner Reichstein

Vieweg

Klaus Ruhnke

QuarkXPress für Windows

Der qualifizierte Einstieg
für den professionellen DTP-Anwender

ISBN-13: 978-3-322-84928-1   e-ISBN-13: 978-3-322-84927-4
DOI: 10.1007/978-3-322-84927-4

Vorwort

Wie in den meisten Büchern soll an dieser Stelle ebenfalls ein Vorwort gestellt werden. An erster Stelle dient es dazu, allen, die zum Gelingen dieses Buches beigetragen haben, zu danken.

Ohne die Hilfe von zahlreichen Freunden und guten Bekannten wäre das Buch nie fertig geworden. Wer sich noch nie an solch ein Abenteuer gewagt hat, kann sicherlich nicht abschätzen, wieviel Arbeit knappe 200 Seiten bereiten. Zieht sich die Arbeit über einen zu langen Zeitraum hin, kann man leicht die Motivation verlieren. Denn neben dem Verfassen geht das normale Geschäft weiter.

Der Dank gilt allen, die zum Gelingen beigetragen haben.

Wenn man zahlreiche Bücher gesetzt hat mit den unterschiedlichsten Programmen, wie zum Beispiel *PageMaker 2.0, 3.5, 4.0 und 4.2, ReadySetGo!, DesignStudio* und dann schließlich mit *QuarkXPress 3.0* und *3.11* auf dem Macintosh und teilweise auch mit dem *PageMaker 4.0* auf einem PC, war natürlich das Interesse groß, wie wohl QuarkXPress unter Windows arbeiten würde.

QuarkXPress arbeitet auf dem Macintosh selbst mit einem Motorola 6800, also lediglich mit einem Macintosh Plus, allerdings sind 8 MB Arbeitsspeicher für ordentliches Arbeiten ein Muß. Wie würde das Programm seine Arbeit auf einem PC verrichten?

Die Vorab-Demo-Version war keine wahre Freude. Systemabstürze waren an der Tagesordnung. Alle warteten gespannt auf das Original-Programm. Amerikanische Versionen fanden trotz Verbot ihren Weg nach Deutschland. Die meisten Kapitel dieses Buches wurden auch anfangs mit einem amerikanischen Programm verfaßt und umbrochen. Der Autor ist gelernter Setzer, er hat die Seiten als Aufsichtsvorlage im Verlag auf einem HP 4-Laserdrucker ausgedruckt, Dritte haben am Umbruch keinen Anteil gehabt.

Die Demo war ein „Horror-Trip".

Sind die Leistungen vom Windows-Programm mit dem Macintosh-Programm vergleichbar?

Ob MAC- oder Windows-Version, beide sind gleich gut.

Im großen und ganzen kann man sagen, daß die Windows-Version dem Macintosh-Programm ebenbürtig ist. In einigen Punkten – es handelt sich um die Tastaturkürzel – gibt es sogar Verbesserungen. Arbeitet man mit zwei Dokumentenfenstern gleichzeitig, so ist dies bei beiden Systemen möglich. Die Windows-Version stellt die Fenster per Menü automatisch nebeneinander, beim Macintosh muß der Anwender manuell seinen Bildschirm einteilen.

Es ist alles beim alten geblieben.

In der Menü-Leiste für jedes Dokument unterscheidet sich die Macintosh-Menüleiste von der Windows-Menüleiste lediglich in zwei belanglosen Punkten. Der Menübegriff **Ablage** wurde in **Datei** geändert, dann wurde der Begriff nach links zwischen das **Menü Bearbeiten** und **Stil** gestellt. Für einen Anwender, der mit beiden Systemen arbeitet, ist es keine Schwierigkeit, von einer Minute zur anderen mit dem Windows-Fenster vertraut zu werden.

Tastatur-Kürzel von Anfang bis Ende.

Die Übersichtlichkeit ist geblieben, obwohl zwei Menüs in der Kopfleiste hinzugekommen sind. Manch ein DTP-Setzer wird es nicht zu würdigen wissen, aber die Alternative der zweiten Tastaturkürzel mit der Alt-Option kann man nur begrüßen. Jede Funktion kann jetzt mit einem Tastatur-Kürzel ausgeführt werden. Die übernommenen Strg-Tastaturkürzel werden die Anwender, die mit beiden Systemen arbeiten, sicherlich weiter verwenden, aber dieses Buch wäre ohne die zusätzlichen, neuen Tastatur-Kürzel heute noch nicht fertig.

Vergleichen kann man die Programme nur, wenn man täglich damit arbeitet.

Bei der Arbeit an einem relativ umfangreichen Werk kann man am besten einen Vergleich ziehen. Nur wer mit beiden Systemen vertraut ist und schon zahlreiche umfangreiche Publikationen bearbeitet hat, kann beurteilen, ob die Windows-Version besser oder schlechter ist.

Nur ein gravierender Fehler ist der Rede wert.

Bis auf einen gravierenden Mangel kommen weiter keine großen Auslassungen oder Programmierungsfehler vor. Die Windows-Version arbeitet selbst mit einem 386er-Rechner noch zufriedenstellend schnell, allerdings erst seitdem 8 MB

Arbeitsspeicher dem 386er zur Verfügung stehen. Zeitweilig stand dem Autor auch ein 486er-NCR-Rechner mit 16 MB RAM zur Verfügung. Der Unterschied war deutlich bemerkbar, denn auch der EISA-Datenbus sorgte für schnelles Arbeiten.

Auch mit einem „kleinen" System kann man arbeiten.

Worin sich beide Programm-Versionen am deutlichsten unterscheiden, ist die Hilfe-Funktion. Bei der Windows-Ausführung wird dem unerfahrenen Anwender in der bekannten Windows-Manier in verbalen Ausführungen erklärt, was er wissen sollte.

Bei der Macintosh-Ausführung sorgt die sogenannte „Aktive Hilfe" für die Unterstützung der Wißbegierigen. Doch beim Macintosh haben die deutschen unerfahrenen Anwender einen „Wermutstropfen" zu schlucken: die Hilfe-Funktion ist nicht immer ins Deutsche übersetzt worden. Amerikanische Fachausdrücke bringen einen deutschen Anwender auch nicht schneller zu einem Lernerfolg.

Hilfe *kann sehr nützlich sein.*

Allerdings weisen sogenannte Sprechblasen auf den jeweiligen Begriff oder das jeweilige Werkzeug; während die Hilfe-Ausführungen in der Windows-Version etwas abstrakter angewandt werden. Man kann mit Recht annehmen, daß nach kurzer Zeit jeder Anwender, der seinen Lebensunterhalt mit QuarkXPress verdient, bald auf die Hilfe verzichten kann.

Auch total unerfahrene neue Anwender kommen mit QuarkXPress sehr schnell zu ordentlichen Arbeitsergebnissen. Es kommt natürlich darauf an, daß ein erfahrener Kollege eine qualifizierte Einweisung vorgenommen hat. Etliche Grundbegriffe und typografische Gesetzmäßigkeiten müssen zuerst erklärt werden, wenn zum Beispiel ein Berufsfremder zum Setzer „umgeschult" werden soll. Aber das ist bekanntlich nichts Neues.

Eine gute Einarbeitung dauert nicht lange.

QuarkXPress für Windows hat dasselbe Arbeitsfenster mit seinen zahlreichen und übersichtlichen Einstellmöglichkeiten. Für maßhaltiges Arbeiten steht die Windows-Version der Macintosh-Version in nichts nach. Lediglich bei den Schriften sollten diejenigen, die ihre Dokumente belichten lassen, bei den True Type-Schriften Vorsicht walten lassen.

Vorsicht beim Belichten mit TrueType-Schriften. TrueType gibt es auch beim MAC.

Manch ein Fotosetzer hat bereits sämtliche überflüssigen True-Type-Schriften aus seinem System entfernt, weil es zu einer „babylonischen Schriftenverwirrung" kam.

Farbdrucke sind anschaulicher, aber auch viel teurer.

Auf zweihundert Seiten kann man unmöglich alle Möglichkeiten bis ins letzte Detail beschreiben, die das Programm leistet. Das ist auch nicht Sinn und Zweck dieses Buches; neben den offiziellen Handbüchern soll es eine Ergänzung sein. Das Tutorial und das Anwender-Handbuch sind in den Kapiteln, in denen farbiges Layouten beschrieben wird, sogar vierfarbig gedruckt. Ein zusätzliches Buch aus einem Fachverlag kann in den seltensten Fällen farbig gedruckt werden, die Druckkosten wären viel zu hoch, der Ladenpreis bei den kleinen deutschen Auflagen unerschwinglich.

Suchen Sie Erfahrungsaustausch mit Profis.

Das Studium der Handbücher sollten Sie in keinem Falle vernachlässigen. Bekommen Sie die Chance, an einer Schulung teilzunehmen, versäumen Sie diese nicht. Der Erfahrungsaustausch mit den professionellen Anwendern ist ein entscheidender Faktor für den schnellen und dauerhaften Erfolg.

Weiterbildung durch Produktinformationen und Fachzeitschriften.

Arbeiten Sie in einer Druckerei oder Setzerei, die täglich mit QuarkXPress arbeitet, sollten Sie bei den entsprechenden Software-Anbietern auf deren Verteiler gesetzt werden, die speziell für QuarkXPress eine Produktinformation herausbringen. Auch eine Fachzeitschrift, die sich mit DTP-Themen befaßt, sollten Sie abonnieren und lesen. Ständig werden neue XTensions angeboten, die Ihre Arbeit deutlich verbessern können. Sicherlich werden in den zukünftigen Programm-Versionen zusätzliche Funktionen, wie zum Beispiel Fußnotenverwaltung, Inhaltsverzeichnis- und Register-Generierung vorkommen. Denn die bekannten Konkurrenzprogramme besitzen bereits das eine oder andere an nützlichen Zusätzen. Zwar wird in manchen EDV-Fachzeitschriften bei den Besprechungen zum QuarkXPress für Windows beklagt, daß kein Tabellen-Editor und kein Formel-Editor verfügbar ist; bei QuarkXPress wurden zum Glück andere Prioritäten gesetzt. Vom Erscheinen des PageMakers bis heute hat DTP die grafische Industrie beeinflußt.

Warten wir also die zukünftigen Programme ab!

Inhaltsverzeichnis

Installation und Benutzeroberfläche

Die Benutzeroberfläche für QuarkXPress hat die Anmutung wie jedes Windows 3.1-Programm. Mit dieser Oberfläche läßt es sich genau so bequem arbeiten wie mit einem Macintosh, dies spricht gelassen ein jahrelanger Anwender von Macintosh-Programmen aus. Die Windows-Oberfläche ist so leistungsfähig, daß sie für einen Neuling auch schon wieder zu komplex sein kann. In keinem Kapitel möchten wir zu tief in das Arbeiten mit der Benutzeroberfläche einsteigen, was nicht heißen soll, daß an entsprechender Stelle auf die Zusammenarbeit mit den Windows-Programmen hingewiesen werden soll, denn unter Windows verbergen sich zahlreiche Programme, die der Käufer automatisch mitgeliefert bekommt, die natürlich auch für QuarkXPress nützliche Dienste leisten können. Ein Beispiel: In QuarkXPress gibt es keine Muster, diese können aus dem Programm *„Paintbrush"* in QuarkXPress eingesetzt werden.

QuarkXPress für
Windows

Nach der erfolgreichen Installation meldet sich das Programm mit diesem Symbol

Wichtig ist, daß von einem erfahrenen Anwender Windows richtig installiert wird. Der richtige Laserdrucker muß angesprochen werden können. Werden die Dateien belichtet, und davon gehen wir aus, sollte es ein PostScript-Laserdrucker sein, denn die Belichter verstehen nur die Seitenbeschreibungssprache PostScript.

Hardware-Voraussetzungen

Es muß mindestens ein 386er-Rechner sein, mit einem 3½"-Laufwerk und einer Festplatte, einer Maus und einem Monitor im VGA-Modus. Erstellen Sie Ihre Dokumente in einem Unternehmen, das in einem Service-Belichtungsinstitut belichten läßt, ist ein postscript-fähiger Laserdrucker das Minimum. Die Spanne der Investitionssumme ist unbegrenzt, kaufen Sie zu billig ein, werden Sie keinen Service erhalten, durchforsten Sie den Markt nicht aufmerksam genug, werden Sie sehr

4 MB Arbeitsspeicher sind zu wenig, mindestens 8 MB RAM, sonst kann das Programm abstürzen.

Falsches Equipment ist rausgeschmissenes Geld.

schnell feststellen, daß Sie das Geld zum Fenster rausgeworfen haben. Versuchen Sie das passende für Ihre Anwendungen zu kaufen, aber begehen Sie nicht den Fehler und sparen an der falschen Stelle.

Fehlinvestitionen sind immer wieder die Ursache dafür, daß die Arbeit nicht ordnungsgemäß durchgeführt werden kann. Dies gilt für den alltäglichen Bürobereich, ins besondere aber auch für den DTP-Bereich. Die Programme unter Windows werden immer umfangreicher und leistungsfähiger. Mit der Leistung der Programme wächst auch die Erwartungshaltung der Kunden. Die Wünsche der Kunden kann man nur dann zufriedenstellend erfüllen, wenn die Hardware den Anforderungen gewachsen ist.

Je leistungsfähiger die Hardware und das Programm, desto schneller ist die Arbeit erledigt

Die Dateien und die Programme, mit denen man unter *Windows* arbeitet, nehmen sehr viel Festplatten-Speicherplatz weg. Selbst eine 200 MB-Festplatte hat sehr schnell ihre Kapazität erschöpft. QuarkXPress ein das Layoutprogramm, mit dem farbige Dokumente gestaltet werden können. Eingescannte farbige Bilder gehören heute zum Alltag, deshalb nochmals der Rat, besser etwas leistungsfähiger zu investieren. Nachrüsten kostet nur Zeit und zusätzliches Geld.

Farbige Dokumente gehören zum Alltag, die Hardware mußentsprechend leistungsfähig sein.

Werden umfangreiche farbige Dokumente gestaltet, ist ein Wechselplattenlaufwerk, mit dem die Dateien man zum Belichtungsinstitut oder zur Lithoanstalt transportieren kann, zwingend notwendig. Benötigen Sie das Belichtungsinstitut zum ersten Mal, sprechen Sie vorher mit dem Service-Unternehmen, denn sonst machen Sie den Weg gegebenfalls umsonst.

Die meisten Werbedruckschriften werden im Format A4 gedruckt, das heißt, daß der Monitor Ihnen nur dann eine A4-Seite anzeigen kann, wenn er mindestens 19" in der Diagonale mißt. Eine hohe Auflösung ist besser als eine normale, Super-VGA-Standard sollte das Minimum sein, das Sie investieren, wenn Sie mit dem Gerät professionell arbeiten möchten. Was ist der Grund? Es sind die exakten Linienanschlüsse, die in den

meisten Fällen von den Benutzern visuell eingestellt werden, *Ein 19"-Monitor*
Setzer, die zum QuarkXPress umsteigen, werden sicherlich am *ist das Minimum*
Anfang die senkrechten Linien per numerischer Einstellungen *für professionelles*
vornehmen oder zumindestens überprüfen. QuarkXPress *Arbeiten.*
macht es möglich!

QuarkXPress führt den Anwender per Installationsprogramm
in Deutsch zu einem sofort benutzbaren Programm. Erst wenn
Sie als legitimierter Besitzer registiert sind, erhalten Sie die
notwendigen Disketten zum Freischalten zugesandt. Von dem
fertig und komplett installierten Programm sollten Sie entweder auf einem Wechselplatten-Laufwerk eine Sicherungs-
kopie oder auf Disketten ein Backup vornehmen. Mit dem Programm *PC-Tools* können Sie den Ordner auf Disketten abspeichern und bei einem Systemabsturz QuarkXPress wieder neu
laden. Von nun an können Sie die Hotline in Anspruch nehmen;
die Gesprächspartner der Hotline fragen zuerst nach der
Seriennummer, der Service funktioniert dann allerdings gut.
Hat man Probleme, sind Disketten defekt, werden diese sofort
gegen neue ausgetauscht. Nicht von allen Software-Anbietern
kann man dieses behaupten.

Nach dem Start von QuarkXPress beginnen Sie Ihre Arbeit über
die angebotenen Menüs.

Das Arbeitsfenster

Die Benutzeroberfläche beinhaltet eine zahlreiche Anzahl an
Informationen, die für das schnelle und präzise Arbeiten mit
QuarkXPress hervorragend geeignet sind. Auf der nachfolgenden Seite werden die wichtigsten Elemente des Arbeitsfensters
erklärt. Prägen Sie sich diese Funktionen ein, denn es sind
unverzichtbare Hinweise und Einstellmöglichkeiten im Arbeitsfenster vorhanden, die effizientes Arbeiten erlauben. Die
ständig vorhandenen Funktionen des Arbeitsfensters ersparen
das Einstellen über die Menüs.

Wenn Sie exakte Einstellungen vornehmen wollen, sollten Sie
im 400%-Modus arbeiten. Dieser wird nicht durch eine Menü-
Option aufgerufen, sondern im Prozent-Fenster, links unten

Für den Neuling mag die Informationsvielfalt des Arbeitsfensters gewöhnungsbdürftig sein, aber für schnelles Arbeiten wird das Wichtigste zur Verfügung gestellt.

am Fuß des Fensters, eingestellt. Beim Arbeiten mit Hilfslinien sollten Sie im **Menü Ansicht** die Option **Hilfslinien magnetisch** ausstellen. Am Anfang ist es sehr wichtig, die notwendigen Voreinstellungen zu kennen und *vor* dem Gestalten einzustellen, denn sonst wird das Arbeiten womöglich zur Qual.

Neben dem **Menü Datei** befindet sich links ein Knopf, unter dem sich ebenfalls Funktionen verbergen. Diese beziehen sich auf die Arbeit mit mehrehren offenen Dateien oder Fenstern. In diesem Aufblendmenü sind die Funktionen: **Wiederherstellen, Verschieben, Größe ändern, Symbol, Vollbild, Schließen** und **Nächstes** untergebracht.

Das **Menü Datei** beinhaltet die Befehle, mit denen Sie eine Datei neu anlegen können, eine vorhandene Datei aufrufen können,

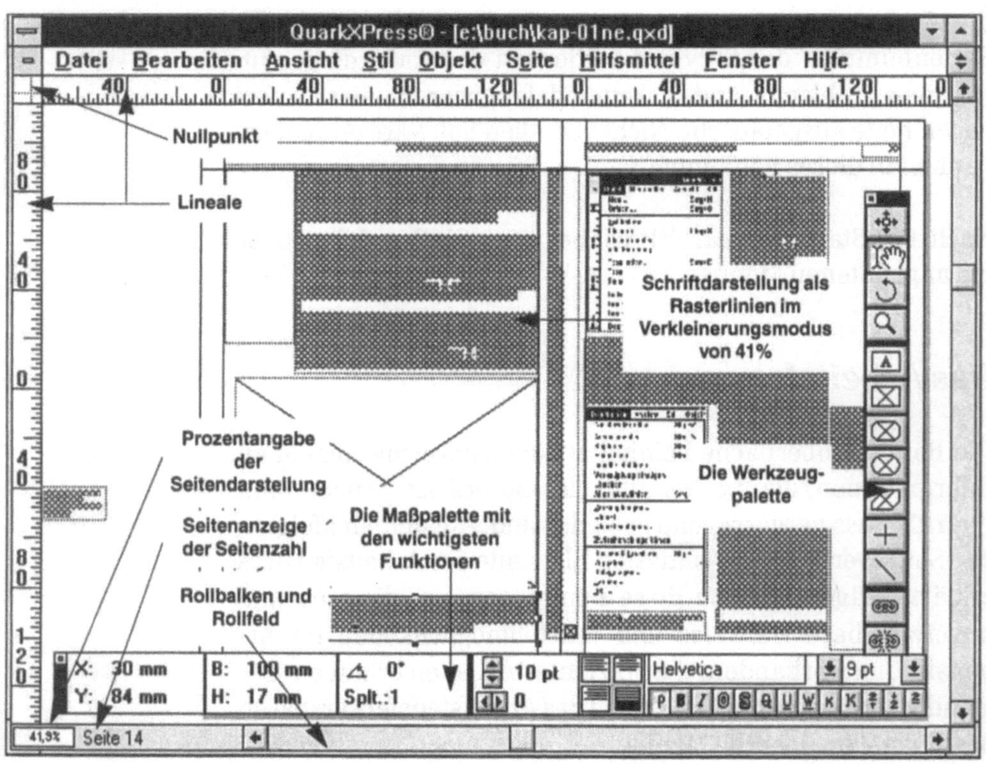

Abb. 1.1:   Nutzen Sie die gesamte Fläche des Monitors aus, verschenken Sie keine Arbeitsfläche, indem Sie einen Rand um den Arbeitsbereich offen lassen. Ein Klick in den rechten oberen Knopf (Vollbild) und der Bildschirm wird ausgenutzt.

Abb. 1.2:
Das **Menü Datei** benötigen Sie zum Öffnen eines neuen Dokumentes sowie zum Beenden Ihrer Arbeit. Leider fehlt die Funktion Automatisch Speichern, wie zum Beispiel in Word für Windows. Betätigen Sie häufiger Strg + S, denn auch bei einem PC kann das System abstürzen.

Speichern sowie Texte und Bilder importieren können, Dokumente einrichten und drucken können. Hier befindet sich die wichtigste Einstellung: Beenden Strg + Q, denn irgendwann mal wollen Sie sicherlich auch mal eine Pause einlegen.

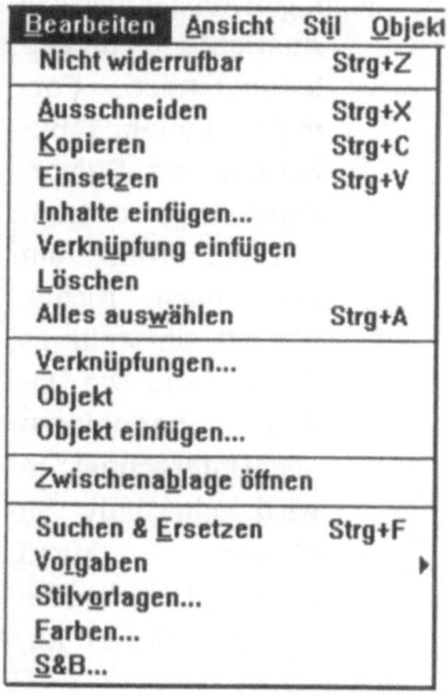

Das **Menü Bearbeiten** zeigt alle Befehle an, mit denen Sie den Text, Ihre Grafiken und Bilder bearbeiten können. In diesem Menü werden die Voreinstellungen vorgenommen, wie zum Beispiel das Definieren der Stilvorlagen — im *PageMaker* werden diese Einstellungen Druckformatvorlagen genannt, der Begriff im PageMaker beschreibt den Begriff exakter, ist dafür natürlich auch länger. Voreinstellungen für das Trennen und den Blocksatz müssen in diesem Menü vorgenommen werden.

In diesem Menü nehmen Sie Verknüpfungen vor, die ausführliche Beschreibung finden Sie in einem separaten Kapitel.

Abb. 1.3: Hier können Sie die Voreinstellungen vornehmen.

Das **Menü Ansicht** erlaubt Ihnen mit verschiedenen Bildschirm-Darstellungen zu arbeiten, den Bildschirm bis zu 400% zu vergrößern oder Miniaturen anzeigen zu lassen. Hier werden die Hilfslinien ein- und ausgeblendet sowie die Werkzeugpaletten aufgerufen oder wieder ausgeblendet.

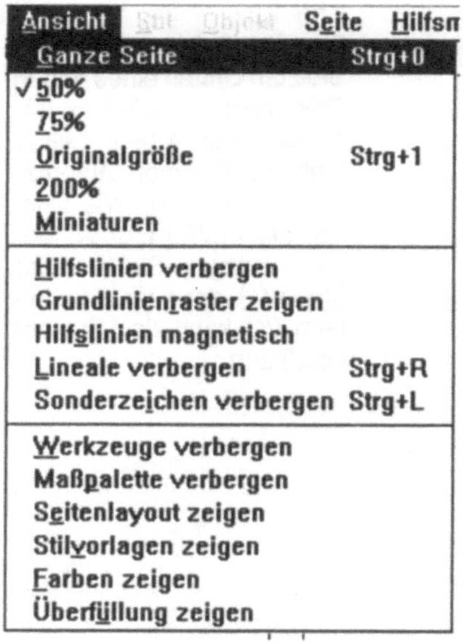

Abb. 1.4:
Das Arbeiten mit magnetischen Hilfslinien ist gewöhnungsbedürftig. Schalten Sie die magnetischen Hilfslinien aus.

Im **Stil-Menü** werden die Einstellungen für Schrift, Größe, Stil, Farbe, Tonwert, Schriftbreite, Unterschneiden / Spationieren, Grundlinienversatz und die Typografie vorgenommen. Ferner können Einstellungen hinsichtlich der **Ausrichtung von Zeilenabständen, Formaten, Linien, Tabulatoren** und **Stilvorlagen** vorgenommen werden. Weist ein Pfeil nach rechts, blendet ein weiteres Fenster auf. Die Option **Spationieren** oder **Unterschneiden** wird alternativ in diesem Menü angezeigt. Klicken Sie die Stilvorlagen an,

Abb. 1.5:
Die Schriftbreite zu modifizieren ist eine der wenigen Einstellungen, die nicht über die Maßpalette vorgenommen werden kann. Prägen Sie sich den Tastaturkürzel ein, falls Sie die Einstellung oft benötigen.

blenden lediglich alle Stilvorlagen in einem Fenster auf, möchten Sie dem Text eine Stilvorlage zuweisen, verwenden Sie die Palette für die Stilvorlagen.

Setzen Sie den Text auf *Register*, öffnen Sie das Fenster (Strg) + (⇧) (F), klicken das Feld: **Am Grundlinienraster ausrichten** an, der Text rückt mit der Schriftlinie auf das eingeblendete Grundlinienraster. Im Menü (Strg) + (M) muß die Oberlänge dem Textrahmen zugewiesen sein.

Im **Menü Objekte** finden Sie fünf Gruppen vor, in denen wichtige Funktionen zum Bearbeiten Ihres Dokumentes vorkommen.

Erste Gruppe: **Modifizieren, Randstil festlegen, Umfließen.**
Zweite Gruppe: **Duplizieren, Mehrfach duplizieren, Löschen.**
Dritte Gruppe: **Gruppieren, Gruppieren rückgängig, Bezug herstellen, Festsetzen.**
Vierte Gruppe: **Eine Ebene zurück, Ganz nach hinten, Eine Ebene vor, Ganz nach vorn, Abstand/Ausrichtung.**
Fünfte Gruppe: **Bildrahmenform, Polygon bearbeiten.**

Im Stil-Menü finden Sie alle Einstellmöglichkeiten, die die Schriften betreffen.

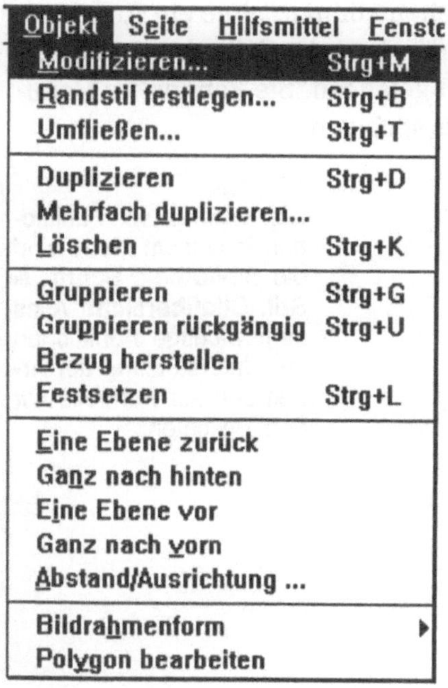

Neu in diesem Menü sind die Funktionen **Bezug herstellen, Eine Ebene vor und zurück.** Studieren Sie im Handbuch besonders die Funktion **Bezug herstellen,** Sie ist selbst den erfahrenen Macintosh-Anwendern neu.

Abb. 1.6:
Das **Menü Objekte** erlaubt zahlreiche Einstellungen. Bevor Sie Objekte mit dem **Befehl Löschen** (Strg) + (K) verschwinden lassen, sollten Sie sich überzeugen, daß keine Objekte gruppiert sind, die nicht gelöscht werden sollen.

Im Menü Modifizieren befindet sich das Feld, mit dem Sie das Drucken eines Objektes anklicken können.

Abb. 1.7:
In diesem Menü werden die Seiten „verwaltet".

Gestalten Sie mit QuarkXPress eigene Diagramme, sollten Sie die Einstellungen **Abstand/ Ausrichtung** verwenden.

Im **Menü Objekte** können Sie die Rahmen bearbeiten und deren Inhalte farbig oder mit einem Raster hinterlegen, hier finden Sie den *„vertikalen Keil"*; in diesem Dialogfenster können Sie noch einmal alle Textrahmen-Parameter überprüfen.

Unter dem **Menü Seite** werden alle Befehle zusammengefaßt, die das Bearbeiten von Seiten in einem Dokument betreffen. Hier können Seiten eingefügt, gelöscht, verschoben und Kapitelanfänge von Ihnen eingestellt werden.

In diesem Menü sehen Sie ein wichtiges Tastaturkürzel: S + J, mit dem Sie zu jeder Seite gehen können, ohne ein Aufblendmenü aufrufen zu müssen oder über die Seitenlayout-Palette zu der gewünschten Seite zu gelangen. Sie können im Dokument vorwärts und rückwärts springen.

Abb. 1.8:
Die wichtigsten Funktionen in diesem Menü sind die **Bibliothek, Schrift & Stil, Bildübersicht**. Alles sehr wichtige Funktionen zur Unterstützung der Arbeit und zur Kontrolle vor dem Belichten.

Das nächste Menü in der Menüleiste ist das **Menü Hilfsmittel**, hier verbergen sich die Möglichkeiten, die Rechtschreibprüfung zu aktivieren, Trennungen einzustellen, eine Bibliothek zu verwenden, nach **Schrift & Stil** zu suchen, eine Bildübersicht über das Dokument aufzurufen und jede Schrift zu bearbeiten, in dem Sie Spationierungen oder Unterschneidungen vornehmen können. Den Fotosetzern ist diese Möglichkeit als Ästetik-Programm bekannt. Desweiteren werden u.a. hier Menüeintragungen vorgenommen, wenn zusätzliche XTensions (Programmerweiterungen) geladen werden, die zum Teil kostenlos sind oder die von Drittanbietern für QuarkXPress entwickelt worden sind. Beispiel sind ein Tabellen-Editor oder ein Inhaltsverzeichnis- und Register-Erstellungswerkzeug. Diese XTensions erhalten Sie zur Zeit für die Macintosh-Version, sicherlich werden in kürze auch für die Windows-Version XTensions angeboten.

Die nächste Programm-Version erfüllt neue Wünsche der Kunden.

Abb. 1.9:
Dieses Menü ist neu, die Funktionen sind sehr nützlich, eine wahre Bereicherung des Programmes.

Das **Menü Fenster** beinhaltet die Optionen: „**Unterteilen, Überlappen, Symbole anordnen, Alles schließen, aktuelle Dateinamen anzeigen**".

Wer seine Arbeit grundlegend umgestalten muß, wird sehr schnell den Nutzen dieses Menüs und der darin vorkommenden Funktionen erkennen.

Das letzte Menü in der Menüleiste ist das **Hilfe-Menü**, mit dem während der Arbeit die Hilfe-Erklärungen auf den Bildschirm gerufen werden können. Können Sie auf die Hilfe-Erklärungen verzichten, kopieren Sie mit dem Datei-Manager die Hilfedatei **xpress.hlp** in ein Unterverzeichnis. Es hat zur Folge, das Arbeitstempo wird beschleunigt.

Abb. 1.10:
In zahlreichen Seiten werden Erklärungen aufgeblendet, wenn Sie nicht im Handbuch nachschlagen wollen oder nachschlagen können.

Die Werkzeugpalette

Bei jedem Programmstart wird die Werkzeugleiste automatisch eingeblendet, die links oben am Monitor erscheint. Die Möglichkeit sie auszublenden, finden Sie im **Menü Ansicht**.

Die Werkzeugpalette ist für Sie das wichtigste Arbeitsmittel. Lassen Sie die Werkzeugpaltte stets eingeblendet, während Sie die anderen Paletten nur bei Bedarf aufrufen sollten, gerade dann, wenn Sie über keinen 21"-Monitor verfügen, denn der Blick auf die Arbeitsfläche ist wichtiger als die Ansicht aller Paletten.

 Das erste Werkzeug ist das **Objektwerkzeug**, mit dem Sie Rahmen, Linien und Löschungen vornehmen können.

 Das zweite Werkzeueg ist das **Inhaltswerkzeug**, das zum Bearbeiten der Inhalte von Rahmen dient. Bei Textrahmen ändert sich das Werkzeug in den Einfüge-Cursor, bei Bildern ändert sich das Werkzeug in die Verschiebehand.

 Das dritte Werkzeug ist das **Rotationswerkzeug**, mit dem Sie Bild- und Textrahmen drehen können. Die Rotationsschritte lassen sich in 0,001-Grad-Schritten vornehmen.

 Das vierte Werkzeug ist die **Lupe**. Betätigen Sie die ⌈Strg⌉-**Taste** während Sie die Lupe verwenden, wird das Motiv verkleinert, in der Lupe erscheint ein Minuszeichen; in den Voreinstellungen können Sie das Zoomen der Lupe nach Ihren Anforderungen voreinstellen.

 Das fünfte Werkzeug ist das **Textrahmenwerkzeug**, mit dem Textrahmen jeglicher Größe aufgezogen werden können.

  Die Werkzeuge sechs bis neun bilden **Bildrahmen** mit **runden Ecken, Ovale und Polygone**. Eine Rasterfläche mit mehr als vier Ecken können Sie mit dem Polygon-Werkzeug erstellen, eine Möglichkeit, die in anderen DTP-Programmen fehlt.

 Werkzeug elf und zwölf dienen der **Linienerstellung**. Mit dem elften Werkzeug ziehen Sie senkrechte und waagerechte

Linien, mit dem zwölften Werkzeug ziehen Sie freie Linien in jedem beliebigen Winkel.

Werkzeug dreizehn und vierzehn sind die **Verkettungswerkzeuge**. Ihr Gebrauch ist gewöhnungsbedürftig, daher sollten Sie die Funktion dieser Werkzeuge ausführlich studieren und ausprobieren.

Die Verkettungswerkzeuge beinhalten eine Vielzahl von Verknüpfungs-Möglichkeiten.

Die Werkzeugpalette ist im **Menü Ansicht** zu finden. Haben Sie die Arbeit mit einem Werkzeug beendet, springt die Maus wieder auf das erste Werkzeug, das Objekt-Werkzeug zurück. Möchten Sie ein Werkzeug mehrfach nutzen, Halten Sie bei der Auswahl des jeweiligen Werkzeuges die (Alt)-Taste gedrückt, die Funktion des Werkzeuges bleibt erhalten.

Klicken Sie zweimal schnell auf ein Werkzeug, öffnet sich das Dialogfenster, in dem Sie Voreinstellungen vornehmen können. Zum Beispiel wenn der Bildrahmen von einer 0,25Punkt-Linie auf eine 0,5 Punkt-Linie gewechselt werden soll, weil zahlreiche neue Einstellungen in dem selben Modus vorgenommen werden müssen.

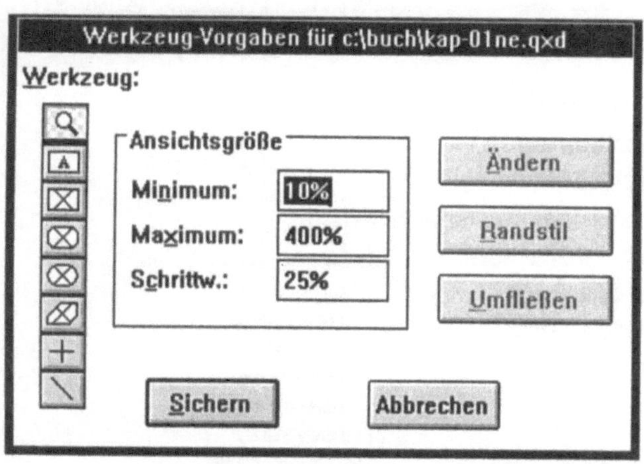

Die Möglichkeit, während der Arbeit alle Werkzeuge den Belangen der Arbeit anzupassen, gehört mit zur Leistungsfähigkeit des Programms.

Abb. 1.11:   Auch während der Arbeit können Sie generell Einstellungen für ein Werk vornehmen, die Einstellung wird wirksam, wenn Sie das nächste Werkzeug-Fenster öffnen.

Die Maßpalette

Sie sollten ebenfalls die Maßpalette während der Arbeit am Dokument eingeblendet haben, denn sie beinhaltet zahlreiche Funktionen, die es erleichtern Einstellungen vorzunehmen, ohne daß Sie das zeitraubende Aufblenden der Menüs hinter sich bringen müssen.

Die Dreifach-Funktion der Maßpalette

Eine herausragende Eigenschaft von QuarkXPress ist die exakte Einstellungsmöglichkeit der Rahmen, das heißt, vom Nullpunkt können Sie per **X-, Y-Koordinaten** bis aus drei Stellen hinter dem Komma Millimeter, Zoll, Point, Cicero eingestellen. Die Höhen und Breiten lassen sich bereits hier kontrollieren und einstellen, ohne daß Sie zahlreiche Menüs und Untermenüs öffnen müssen. Die Zeitersparnis werden Sie sehr bald zu schätzen wissen.

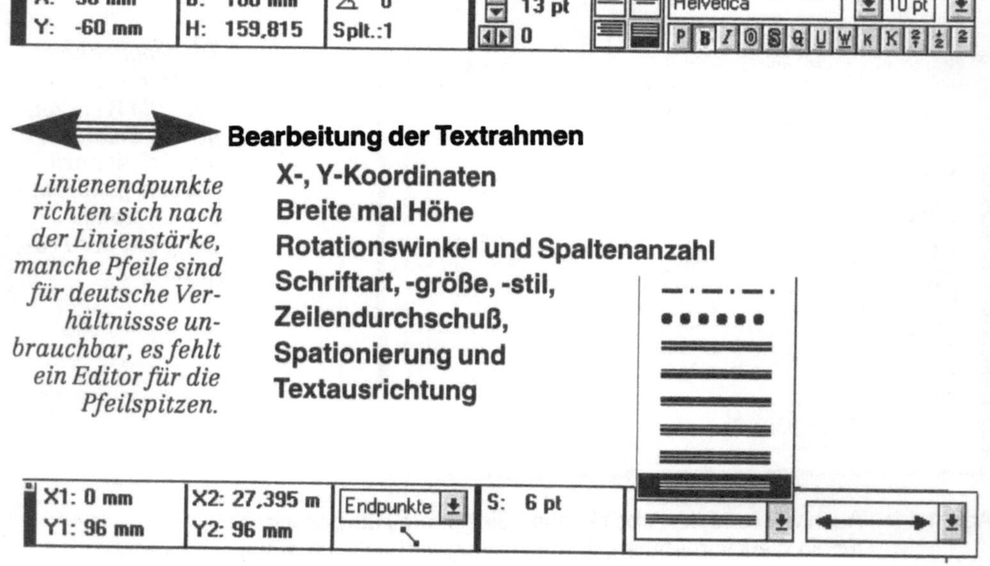

Linienendpunkte richten sich nach der Linienstärke, manche Pfeile sind für deutsche Verhältnissse unbrauchbar, es fehlt ein Editor für die Pfeilspitzen.

Bearbeitung von Linien
Länge und Position
Ausgangspunkt
Linienart und -stärke

| X: 101,301 | B: 25,266 m | ⊿ 15° | X%: 100% | X+: -3,932 m | ⊿ 25° |
| Y: -35,356 m | H: 14,856 m | ⏴ 2 mm | Y%: 100% | Y+: 7,478 mm | ⬭ -45° |

Bearbeitung der Bildrahmen
  Genaue Position
  Winkel des Rahmens
  Bildgröße, -ausschnitt und -verzerrung

Eine weitere Stärke von QuarkXPress ist es, in jedem Dokument mit allen Maßangaben arbeiten zu können, das heißt, Sie können Rahmen in Millimeter angeben und Linien in Points definieren. QuarkXPress rechnet intern die Eingaben der Werte auf die Voreinstellungen um. Im **Menü Stil, Formate** ist die Voreinstellung des Zeilendurchschusses in Point angegeben, tippen Sie hier 3,25 mm ein, rechnet das Programm den Wert in Point um, bis auf drei Stellen hinter dem Komma.

In der Maßpalette für Bildrahmen sind 15° für den Bildwinkel, 2 mm für den Eckradius, 25° für das Drehen des Bildinhalt und -45° Bildneigung eingestellt. Das Ergebnis sehen Sie oberhalb dieser Marginalie.

Voreinstellungen vor dem Beginn der Arbeit

Bevor Sie mit der Arbeit beginnen, sollten Sie einige wichtige Programm-Einstellungen vornehmen. Im **Menü Bearbeiten, Vorgaben, Programm ...** nehmen Sie die ersten *Voreinstellungen* oder *Vorgaben* vor. Da Sie diese Einstellungen für jedes Dokument brauchen, nehmen Sie die Einstellungen vor, *bevor* Sie eine Datei geöffnet haben. Die Vorgaben gelten dann für *alle* Dateien, es ist dann nicht notwendig, immer wieder die selben Vorgaben einzustellen.

In den folgenden Absätzen werden alle Vorgaben beschrieben. Mit den richtigen Voreinstellungen optimieren Sie Ihre Arbeit.

Sie nehmen Einstellungen für das **Programm, Allgemeine ...**, **Typografie** und **Werkzeuge** vor.

Einstellungen **Programm-Vorgaben:**
• Hilfslinienfarbe
• Ränder für Textrahmen (z.B. Blau)
• Linienfarbe (z.B. Grün)
• Farbe für Grundlinienraster (z.B. Magenta)

Unbedingt die Scroll-Geschwindigkeit auf schnell einstellen.

Abb. 1.12: Die Programm-Vorgaben erlauben Einstellungen, die generell für alle Dokumente gelten.

Die Farbpalette erlaubt es, die Hilfslinien so farbig zu definieren, daß die Farben eine große Hilfe beim Arbeiten sind. Die Hilfslinien, die Sie aus den senkrechten und waagerechten Linealen ziehen, sollten anders farbig sein, als die Ränder, damit Sie den Unterschied sofort erkennen. Mit Raster ist das Grundlinienraster gemeint, das Sie bei Registersatz einstellen müssen. Im Fenster **Allgemeine Vorgaben** nehmen Sie folgende Einstellungen vor:

In einem Schwarzweiß gedruckten Buch werden die Farben als Graustufen wiedergegeben.

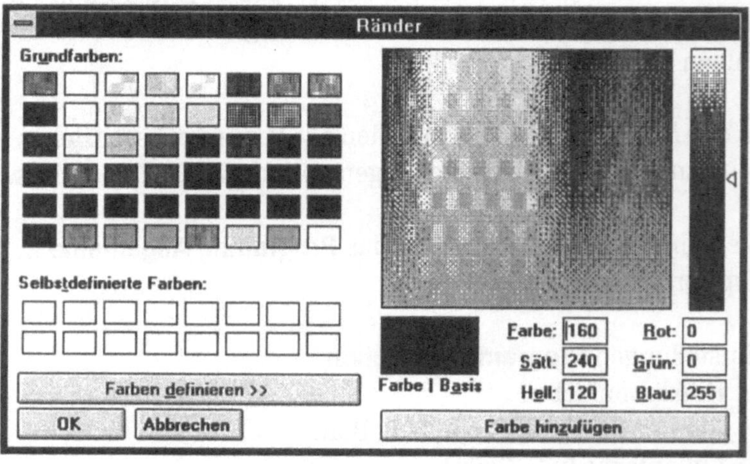

Abb. 1.13: In diesem Fenster definieren Sie die Farben.

Allgemeine Vorgaben für c:\buch\kap-01a.qxd

Horizontales Maß:	Millimeter	Punkte/Zoll: 72
Vertikales Maß:	Millimeter	Cicero/cm: 2,2222
Seiten einfügen am:	Kapitelende	Fangradius Hilfslinien: 6
Randplazierung:	Innen	☐ Vektorgrenze: 72 pt
Hilfslinien:	Vorne	☒ Faksimile Text unter: 7 pt
Objektkoordinaten:	Seite	☐ Keine Bilddarstellung
Autom. Bild-Import:	Ein	☒ Exakte Verläufe
Musterseitenelemente:	Änder. löschen	☒ Automatischer Bezug

OK   Abbrechen

ACHTUNG: Automatischen Bezug nur dann aktivieren, wenn er tatsächlich gebraucht wird.

Abb. 1.14: In den **Allgemeinen Vorgaben** entscheiden Sie, ob Sie in Millimeter, Point oder Cicero arbeiten möchten

Horizontales und Vertikales Maß: Zoll, Dezimalzoll, Pica, Punkte, Millimeter, Zentimeter, Cicero.

Seiten einfügen am: Aus, Textende, Kapitelende, Dokumentende

Randplazierung: Innen, Außen. Um festzulegen, ob Ränder innen oder außen von Text- und Bildrahmen stehen sollen, wählen Sie die gewünschte Option. Ein Rand innerhalb eines Rahmens hat auf Texte andere Auswirkungen als auf Bilder. Bei Textrahmen wird der Abstand zwischen dem Rand und dem Text durch den Wert im Feld Textabstand festgelegt, diese Einstellung nehmen Sie im Menü **Objekt, Modifizieren** Strg + M vor. Bei Bildrahmen „beschneidet" der Rahmen das Bild. Voreingestellt ist **Innen,** ein Rand, der außen von einem Rahmen angelegt wird, kann den umgebenden Rahmen oder die Arbeitsfläche nicht überschreiten. Wenn Sie die Randplazierung während der Arbeit ändern, betrifft diese Änderung nur alle nachfolgend erzeugten Rahmen.

Randplazierung, eine wichtige Option für Anfänger, die es noch nicht gewohnt sind, mit rahmen-orientierten Layout-Programmen zu arbeiten

Hilfslinien: Vorne, Hinten. Selbstverständlich müssen Sie die Hilfslinien nach vorne stellen, denn sonst nützen sie Ihnen bei der Arbeit recht wenig.

Objektkoordinaten: Seite, Montagefläche. Wählen Sie die Voreinstellung Seite, dann beginnt bei jeder neuen Seite das horizontale Lineal beim Nullpunkt.

Autom. Bild-Import: Ein, Aus, Mit Bestätigung. Wenn Sie festlegen wollen, daß QuarkXPress automatisch Bilder aktualisiert, die verändert worden sind, nachdem Sie das Dokument das letzte Mal geöffnet hatten, wählen Sie eine Option aus. Die Voreinstellung ist **AUS**, wählen Sie **EIN**, damit die Änderungen an Grafiken automatisch übernommen werden. Zwischen einer Bilddatei und dem Dokument muß ein Pfad definieret sein, damit QuarkXPress die Bildinformationen finden kann.

Musterseitenelemente: Änderung beibehalten, Änderung löschen. Um festzulegen, ob veränderte Musterobjekte beibehalten oder gelöscht werden, wenn eine Musterseite auf Dokumentenseiten angewendet wird, wählen Sie **Änderung behalten** oder **Änderung löschen.** Ein Musterobjekt ist ein Objekt auf der Musterseite, das automatisch auf das gesamte Dokument angewendet wird.

Mit Musterseiten gestalten Sie umfangreiche Werke. Wenn Sie eine neue Musterseite auf eine Dokumentenseite anwenden, werden die nicht veränderten Musterobjekte, die von der vorherigen Musterseite stammen, auf dieser Dokumentenseite gelöscht. Das verwirrende an dieser Einstellung ist, daß

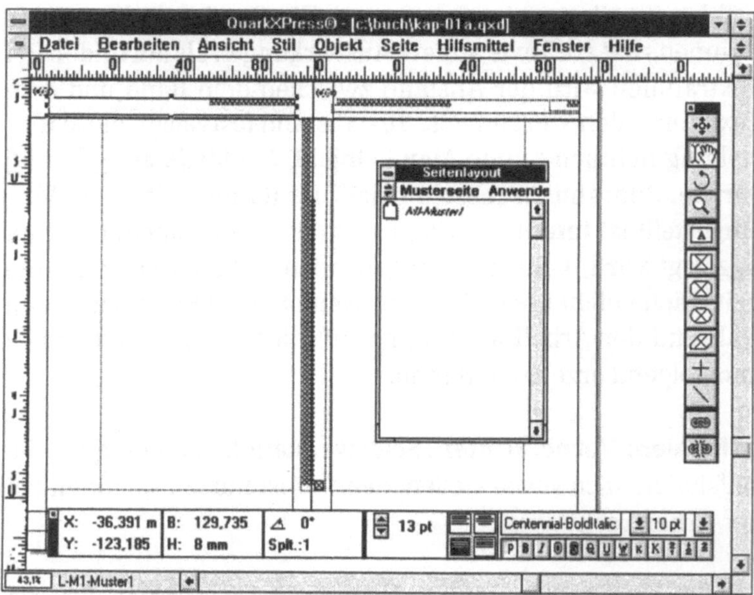

Abb. 1.15:   In den Musterseiten legen Sie die gestalterischen Elemente fest, die im gesamten Dokument vorkommen.

Typografische Vorgaben für c:\buch\kap-01a.qxd

Hochgestellt		Tiefgestellt		Grundlinienraster	
Versatz:	33%	Versatz:	33%	Start:	4,2 mm
Vertik.:	100%	Vertik.:	100%	Schrittweite:	13 pt
Horiz.:	100%	Horiz.:	100%		

Autom. Zeilenabstand: 20%

Flex. Leerzeichen: 50%

Kapitälchen		Stichwort	
Vertik.:	75%	Vertik.:	50%
Horiz.:	75%	Horiz.:	50%

☒ Unterschn. über: 6 pt

☒ Zeilenabstand erhalten

Trennmethode: Standard

Zeilenabstand: Schriftsatz

OK   Abbrechen

An dieser Stelle richten Sie das Grundlinienraster ein.

Abb. 1.16: In diesem Fenster nehmen Sie die Vorgaben vor für alle Dokumente oder nur für das derzeit aktuelle Dokument und die weiteren neu anzulegenden Dokumente vor.

Sie in einem Dokument mehrere Musterseiten verwenden können. Mit anderen Worten, bei einer Zeitschrift wäre die erste Seite die Aufmacherseite mit einer eigenen Musterseite, die folgenden linken und rechten Seiten erhalten je eine eigene Musterseite.

Punkte / Zoll: 72. Mit dieser Einstellung können Sie die Anzahl Punkte pro Zoll verändern. Eine Möglichkeit, die in Deutschland niemand anwenden wird, lassen Sie die Grundeinstellung bestehen, damit das Programm Punktvorgaben richtig umrechnet.

Cicero / cm: 2,222. Hier gilt das selbe wie unter dem oben beschriebenen Absatz.

Fangradius Hilfslinien: 6. Die Voreinstellung lautet 6, sind Sie gewohnt, mit magnetischen Hilslinien zu arbeiten, stellen Sie hier den Wert ein, bei dem die magnetischen Hilfslinien wirksam werden. Stellen Sie 1 ein, so werden Objekte an die Hilfslinien – bei einem Abstand von einem Pixel – an die magnetischen Hilfslinien automatisch herangezogen. Im **Menü Ansicht** klicken Sie die Wirksamkeit der magnetischen Hilfslinien **EIN** oder **AUS.** Die Arbeit mit magnetischen Hilfslinien kann sehr hinderlich sein, stellen Sie am besten die magnetischen Hilfslinien aus.

Magnetische Hilfslinien nur dann einstellen, wenn sie Ihrer Arbeit nutzen.

Der ATM sorgt für optimale Schrift-darstellung.

Darstellungsgrenze: 24 pt. Sollten Sie Schriften von *Bitstream, Compugraphic, Casady, The Font Company, Image Club* oder sonstige exotische Schriften verwenden, die nicht der *Adobe-Schrift-Type 1* entsprechen, werden diese Schriften „geglättet", um Ihnen am Bildschirm eine gute Schriftdarstellung zu vermitteln. Eine Aufgabe, die sonst der *AdobeTypeManager* übernimmt.

Faksimile Text unter: 7 pt. Hier können Sie jeden Wert zwischen 2 und 720 Punkten angeben, Sie legen in dieser Einstellung fest, bei welchem Schriftgrad die Schrift als grauer Balken am Monitor dargestellt wird. Entscheidend ist der Maßstab der Bildschirmdarstellung. Betrachten Sie Ihr Dokument in 200%, so wird auch eine 7 Punkt-Schrift am Bildschirm richtig angezeigt.

Keine Bilddarstellung: KlickenSie das Feld an, veranlassen Sie, daß importierte Bilder als graue Fläche dargestellt werden.

exakte Verläufe: Sie können dem Hintergrund eines Textrahmens oder eines Bildrahmens einen Verlauf zuweisen, die Einstellung bewirkt einen schnellen Bildschirmaufbau bei einem 8-bit Monitor.

ACHTUNG: Die Folge, alle Objekte werden automatisch gruppiert.

Automatischer Bezug: Haben Sie dieses Feld aktiviert, hat es zur Folge, daß alle Objekte, die Sie in dem aktuellen Rahmen anlegen, mit dem Mutterrahmen in Bezug gebracht werden. Diese Objekte können nicht außerhalb des Mutterrahmens vergrößert oder verschoben werden. Der Sinn, der sich dahinter verbirgt ist, Sie erzeugen automatisch eine Gruppe, in der alle Objekte verbunden sind. Aktivieren Sie diese Option nicht!

Hochgestellt und Tiefgestellt: Versatz, Vertikal, Horizontal: Mit dem Versatz legen Sie fest, wie tief oder wie hoch die Zeichen von der Schriftlinie entfernt dargestellt werden. Die Werte geben Sie in den Feldern in Prozentwerten an. Der voreingestellte Wert ist 33%. Wenn Sie ein Werk aus der Bleisatzära nachsetzen müssen, können Sie in diesen Feldern die PostScript-Schrift der Bleisatz-Schrift anpassen.

Kapitälchen: Sie bestimmen in diesen Feldern die Größe der Kapitälchen, die vom normalen Buchstaben berechnet werden.

Bei einigen Antiqua-Schriften werden zu den normalen Schnitten auch Kapitälchen-Schnitte mitgeliefert.

Index: Die Indexwerte sind mit 50% voreingestellt. Das Verfahren ist hier das selbe, wie bei den Werten für Hochgestellt, Sie können für **Vertik.** und **Horiz.** jeweils Werte zwischen 0% und 100% in 0,1%-Abständen vorgeben.

Grundlinienraster: Das Grundlinienraster können Sie mit dem **Befehl** [Alt] + [A] [R] ein- und ausblenden. Es dient der Kontrolle für registerhaltigen Satz. Der Wert für den Start richtet sich

können für Vertik. und Horiz. jeweils Werte zwischen 0% und 100% in 0,1%-Abständen vorgeben.¶
¶
Grundlinienraster: Das Grundlinienraster können Sie mit dem **Befehl** [Alt] [+] A R ein- und ausblenden. Es dient der Kontrolle für registerhaltigen Satz. Der Wert für den Start richtet sich nach der Entfernung der ersten Zeile von oberen Seitenrand. Am besten stellen Sie das Grundlinienraster bereits beim Anlegen der Musterseiten ein, die absolut genaue visuelle Einstellung nehmen Sie in der Seitenansicht von 400% vor.¶

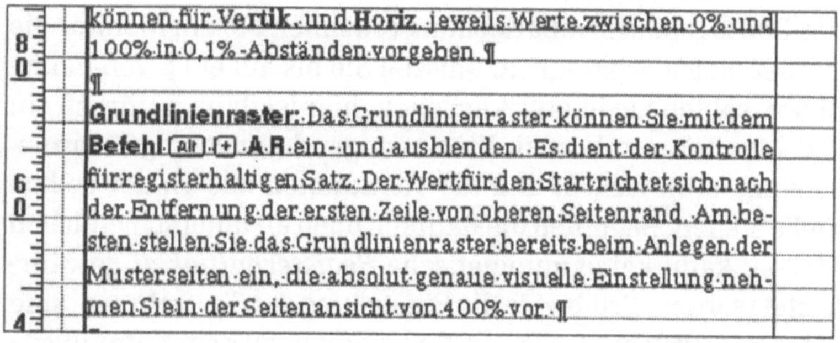

Abb. 1.17: Das Grundlinienraster gehört mit zu den Stärken des Programms, im Menü [Strg] + [⇧] + [F] stellen Sie in dem Feld: Am Grundlinienraster ausrichten ein, daß der Text automatisch Register hält. Bei einem kleinen Bildschirm eine große Hilfe.

nach der Entfernung der ersten Zeile vom oberen Seitenrand. Am besten stellen Sie das Grundlinienraster bereits beim Anlegen der Musterseiten ein, die absolut genaue visuelle Einstellung nehmen Sie in der Seitenansicht von 400% vor.

Bearbeiten Sie ein Dokument mit mehreren Spalten, werden die Textgrundlinien aneinander ausgerichtet. Im **Menü Stil, Formate** stellen Sie ein, ob sich der Text grundsätzlich am Grundlinienraster ausrichten soll. Mit **Start** legen Sie fest, wieweit die erste Linie des Grundlinienrasters vom oberen Rand der Seite entfernt sein soll. Mit Schrittweite legen Sie fest, wie groß die Entfernung von Rasterlinie zu Rasterlinie sein soll. Arbeiten Sie mit einer Grundschrift von 10/13 Punkt, so wird die Schrittweite ebenfalls mit 13 Punkt angegeben. Hat der Auftraggeber in den Satzanweisungen einen Zeilenvorschub in

Das Grundlinienraster ist der Garant für Registersatz

Millimeter angegeben, so geben Sie den Wert in Millimeter ein, das Programm rechnet den Wert in Punkte um, im entsprechenden Feld erscheint dann ein ungerader Wert, der den Millimetern entspricht.

Arbeiten Sie mit halben Punkten beim Durchschuß, ist dieses kein Problem, Sie können Schrittweiten zwischen 5 und 144 Punkten mit einem Abstand von 0,001 Punkten eingeben, Sie sollten bei diesen Einstellungen zur ersten Grundlinie gegebenenfalls etwas experimentieren, wenn Sie die exakte Entfernung nicht kennen. Leider müssen Sie immer wieder das Fenster schließen, um die erste Grundlinie zu kontrollieren. Erst in der 200% Bildschirmdarstellung erkennen Sie am Monitor die genaue Registerhaltigkeit. Müssen Sie bis auf ein μ genau layouten, sollten Sie in 400% arbeiten, hier ist dann natürlich ein 20"-Monitor von Vorteil. Eine zwingend notwendige Voraussetzung ist natürlich, daß die Textrahmen alle an der selben Stelle stehen. Beginnen die Rahmen oben an unterschiedlichen Stellen, kann keine automatische *Registerhaltigkeit* gewährleistet werden. Prüfen Sie die Einstellung der Textrahmen; sind diese korrekt, setzen Sie den Textrahmen mit dem **Befehl** ⌷Strg⌷ + ⌷L⌷ fest, so daß er nicht versehentlich verschoben werden kann. Versuchen Sie den Satzspiegel so aufzubauen, daß die Ränder möglichst glatte Werte haben, die Sie sich leicht merken können, damit das Überprüfen in der *Maßpalette* einfach ist. Müssen Sie ungerade Werte verwenden, sollten Sie die Parameter aufschreiben, wenn Sie die Textrahmen in der Höhe verändern müssen.

Im Menü **Ansicht** *ist der Befehl* **Sonderzeichen verbergen** ⌷Strg⌷ + ⌷L⌷ *irrtümlich mit* **L** *übersetzt, es müßte ein* **I** *sein, denn* ⌷Strg⌷ + ⌷L⌷ *gilt für* **Festsetzen.**

Automatischer Zeilenabstand: Hier stellen Sie den *relativen Zeilenabstand* ein, die Voreinstellung sind 20%. Bei einer Schriftgröße von 10 Punkten mit einem Wert von 20% errechnet sich ein **Auto Zeilenabstand** von 12 Punkt. Geben Sie einen Zuwachs in Prozenten ein, ist dies von 0% bis 100% in 1%-Schritten möglich. Eine Alternative besteht darin, einen Zuwachs zwischen -63 Punkten und +63 Punkten einzugeben. Die Werte können in 0,001 in jeder Maßeinheit eingegeben werden.

Auch ⅓-Geviert-Satz ist einstellbar.

Flex. Leerzeichen: In diesem Feld werden die Wortzwischenräume definiert. Der Wortzwischenraum bezieht sich auf ein

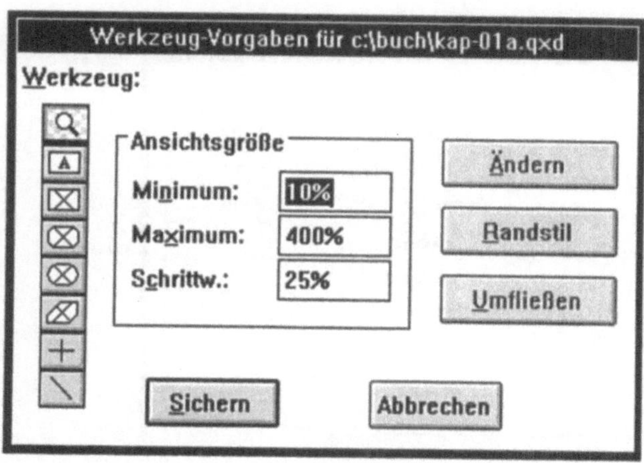

Abb. 1.18: In diesem Fenster stellen Sie die Werkzeuge nach Ihren Bedürfnissen ein. Arbeiten Sie mit einem 14"-Monitor, sollten Sie die Lupe auf 15%-Schrittweite einstellen.

N-Geviert. die Eingabe kann zwischen 0% und 400% erfolgen. Möchten Sie für ein Werk *Drittel-Geviert-Satz* einstellen, ist dieses das entsprechende Feld. Tippen Sie [Strg] + [⎵], so erzeugen Sie einen nicht trennbaren Wortzwischenraum. Die Voreinstellung lautet 50% eines *N-Geviertes*.

Unterschneiden über: QuarkXPress verfügt über eine Unterschneidungs-Tabelle, in der die meisten kritischen Buchstabenpaare für jede Schrift festgelegt sind. Hier geben Sie ein, ab welchem Schriftgrad das Programm auf die Tabelle zugreifen soll.

Zeilenabstand erhalten: Hier wird ein- oder ausgestellt, ob der Text mit oder ohne Durchschuß erhalten bleibt.

Trennmethode: Standard: Unter Standard verwendet QuarkXPress den Trennalgorithmus wie beim Macintosh 3.1, bei der fehlenden **Erweiterten Methode** sind exaktere Trennungen möglich.

QuarkXPress für Windows läßt ein „Erweitertes"-Trennmodul vermissen.

Zeilenabstand: Schriftsatz, Textverarbeitung: Die Voreinstellung ist Schriftsatz. Der Zeilenabstand wird von der Schriftlinie einer Textzeile bis zur Schriftlinie der darüberstehenden Textzeile gemessen. Sollten Sie Textverarbeitung eingestellt haben, mißt das Programm den Zeilenabstand von der größten

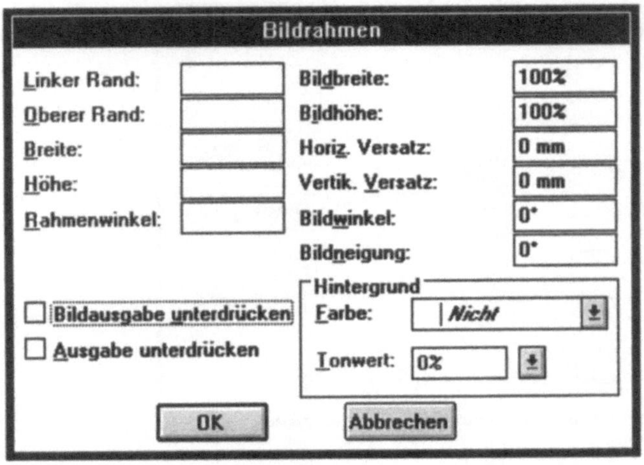

Abb. 1.19:   Dieses Dialogfenster gilt für alle Rahmen-Werkzeuge. In den
             schwarzen Feldern können Sie Änderungen vornehmen, die
             grauen sind inaktiv.

Zeichenhöhe in einer Zeile bis zur größten Zeichenhöhe in der
Zeile darunter.

Werkzeug-Vorgaben

In diesem Dialogfenster nehmen Sie die notwendigen Einstellungen der Werkzeuge vor. Eine zweite Möglichkeit, das Werkzeug-Fenster während der Arbeit zu öffnen, besteht darin,
zweimal schnell auf ein Werkzeug in der Werkzeug-Palette zu
klicken.Sie können dann die Vorgaben für das Lupen-
Werkzeug und das Textrahmen-Werkzeug ändern.

Lupenwerkzeug: Hiermit wird die Bildschirmdarstellung verändert. Sie können einmal in 10%-Schritten per Lupe den Bildschirm vergrößern oder verkleinern, Sie können praktisch stu-
fenlos im Prozentfenster den Bildschirm Ihren Belangen anpassen. Diese Option finden Sie sonst in keinem anderen Konkurrenzprogramm. Halten Sie die Strg-Taste fest, wenn Sie die Lupe
aufrufen, ändert sich das Pluszeichen in ein Minuszeichen, Sie
können also sehr bequem vergrößern und verkleinern.

Objektwerkzeuge: Sie klicken das ge-
wünschte Werkzeug an. Wenn Sie jetzt den Schalter **Ändern**

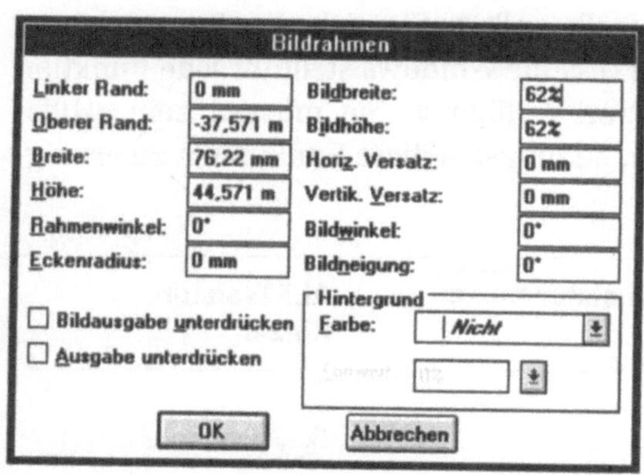

Abb. 1.20:
Im Dialogfenster **Bildrahmen** nehmen Sie die Voreinstellung vor, wenn generell alle Abbildungen automatisch beim Einfügen auf 62% verkleinert werden sollen.

betätigen, öffnet sich für das Werkzeug das jeweilige dazugehörende Fenster. In den schwarzen Feldern nehmen Sie Änderungen vor, in den grauen Feldern können keine Änderungen vorgenommen werden. Bei den Rahmen-Werkzeugen öffnet sich das abgebildete Fenster (Abb. 1.20). Textrahmen können nur gedreht werden. Jeder Bildrahmen kann gedreht und gekippt werden. Jedem Rahmen kann ein Hintergrund oder ein Verlauf zugewiesen werden. Die Ränder können bereits vorher eingestellt werden, wenn Sie immer die selben Einstellungen benötigen. Geben Sie in den Voreinstellungen **Modifizieren Bildrahmen** bei der Bildbreite den Prozentwert 62% und bei der Bildhöhe den Prozentwert 62% an, werden die eingefügten oder importierten Bilder automatisch proportional auf 62% verkleinert.

Die Abbildung 1.21 zeigt Ihnen die Möglichkeiten auf, in welcher Vielfalt die Rahmen **Umfließen** können. Je mehr Voreinstellungen für ein umfangreiches Werk Sie einstellen, desto größer ist die Zeitersparnis. QuarkXPress bietet Ihnen als Anwender eine Vielzahl von Einstellungen, die es erlauben, professionelle Satzarbeiten herzustellen.

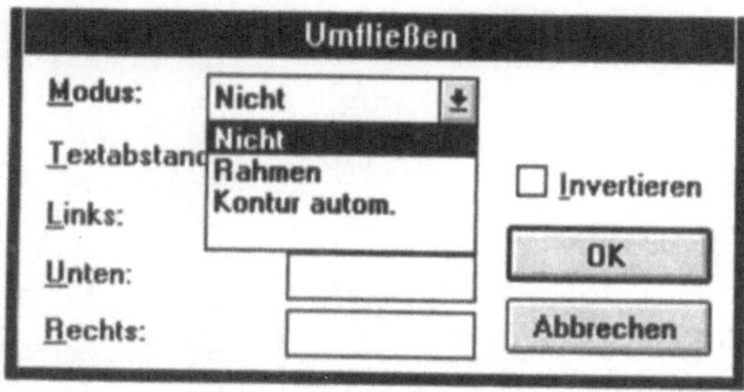

Abb. 1.21:
Jeder Rahmen kann mit oder ohne oder automatisch **Umfließen** voreingestellt werden.

Bereits an dieser Stelle sollten Sie sich die Tastaturkürzel einprägen. QuarkXPress für Windows stellt für jede Funktion ein Tasten-Kürzel zur Verfügung. Sie müssen kein „Hilfsprogramm" verwenden, um sich diese Funktionen zu ermöglichen.

Menü	Funktionen	Tastatur-Kürzel	ALT-Tastatur-Kürzel
Datei	NEU	Strg + N	Alt + D + N
	Öffnen	Strg + O	Alt + D + F
	Schließen		Alt + D + S
	Sichern	Strg + S	Alt + D + C
	Sichern unter		Alt + D + U
	Alte Fassung		Alt + D + A
	Text/Bild laden	Strg + E	Alt + D + X
	Text sichern		Alt + D + T
	Seite als EPS sichern		Alt + D + E
	Dokument einrichten		Alt + D + K
	Drucker einrichten		Alt + D + I
	Drucken	Strg + P	Alt + D + B
Bearbeiten	Texteingabe wiederrufen	Strg + Z	Alt + B + U
	Ausschneiden	Strg + X	Alt + B + A
	Kopieren	Strg + C	Alt + B + K
	Einsetzen	Strg + V	Alt + B + Z
	Inhalte einfügen		Alt + B + I
	Verknüpfung einfügen		Alt + B + Ü
	Löschen		Alt + B + L
	Alles Auswählen	Strg + A	Alt + B + W
	Verknüpfung		Alt + B + V
	Zwischenablage öffnen		Alt + B + B
	Suchen & Ersetzen	Strg + F	Alt + B + E
	Vorgaben		Alt + B + R
	Vorgaben-Allgemein	Strg + Y	Alt + B + G
	Stilvorlagen		Alt + B + O
	Farben		Alt + B + F
	S&B		Alt + B + S
Ansicht	Ganze Seite	Strg + 0	Alt + A + G
	50%		Alt + A + 5
	75%		Alt + A + 7
	Originalgröße	Strg + 1	Alt + A + O
	200%		Alt + A + 2
	Miniaturen		Alt + A + M
	Hilfslinien zeigen und verbergen		Alt + A + H
	Grundlinienraster zeigen + verbergen		Alt + A + R
	Hilfslinien magnetisch		Alt + A + S

Menü	Funktionen	Tastatur-Kürzel	ALT-Tastatur-Kürzel
Ansicht	Lineale zeigen und verbergen	Strg + R	Alt + A + R
	Sonderzeichen zeigen	Strg + I	Alt + A + I
	Werkzeuge verbergen		Alt + A + W
	Maßpalette verbergen		Alt + A + P
	Seitenlayout zeigen		Alt + A + E
	Stilvorlagen zeigen		Alt + A + V
	Farben zeigen		Alt + A + F
	Überfüllung zeigen		Alt + A + Ü
Stil	Schrift		Alt + I + C
	Größe		Alt + I + Ö
	Stil		Alt + I + S
	Farbe		Alt + I + F
	Tonwert		Alt + I + T
	Schriftbreite		Alt + I + B
	Unterschneiden		Alt + I + U
	Grundlinienversatz		Alt + I + G
	Typographie	Strg + ⇧ + D	Alt + I + Y
	Zeilenabstand	Strg + ⇧ + E	Alt + I + Z
	Linien	Strg + ⇧ + N	Alt + I + L
	Tabulatoren	Strg + ⇧ + T	Alt + I + R
	Stilvorlagen		Alt + I + V
Objekt	Modifizieren	Strg + M	Alt + O + M
	Randstil festlegen	Strg + B	Alt + O + F
	Umfließen	Strg + T	Alt + O + R
	Duplizieren	Strg + D	Alt + O + U
	Mehrfach duplizieren		Alt + O + Z
	Löschen	Strg + K	Alt + O + L
	Gruppieren	Strg + G	Alt + O + G
	Gruppieren rückgängig	Strg + U	Alt + O + P
	Bezug herstellen		Alt + O + C
	Festsetzen	Strg + L	Alt + O + L
	Ganz nach hinten		Alt + O + N
	Ganz nach vorn		Alt + O + V
	Eine Ebene zurück		Alt + O + E
	Eine Ebene vor		Alt + O + I
	Abstand/Ausrichtung		Alt + O + A
	Bildrahmenform		Alt + O + H
	Polygon bearbeiten		Alt + O + Y

Menü	Funktionen	Tastatur-Kürzel	ALT-Tastatur-Kürzel
Seite	Einfügen		Alt + E + I
	Löschen		Alt + E + L
	Verschieben		Alt + E + V
	Musterseite einrichten		Alt + E + M
	Kapitel		Alt + E + K
	Zurück		Alt + E + Z
	Nächste		Alt + E + N
	Erste		Alt + E + E
	Letzte		Alt + E + T
	Gehe zu	Strg + J	Alt + E + G
	Anzeigen		Alt + E + A
Hilfsmittel	Rechtschreibprüfung		Alt + H + R
	Hilfslexikon		Alt + H + F
	Hilfslexikon bearbeiten		Alt + H + B
	Trennvorschlag	Strg + H	Alt + H + S
	Ausnahmen		Alt + H + A
	Bibliothek		Alt + H + O
	Schrift & Stil		Alt + H + C
	Bildübersicht		Alt + H + L
	Spationierung bearbeiten		Alt + H + P
	Unterschneidungstabelle bearbeiten		Alt + H + U
Fenster	Unterteilen		Alt + W + T
	Überlappend		Alt + W + L
	Symbole anordnen		Alt + W + S
	Alles schließen		Alt + W + A
	Offene, aktuelle Datein		Alt + W + I
Hilfe	Inhalt		Alt + L + I
	Suchen		Alt + L + S
	Wie die Hilfe angewandt wird		Alt + L + H
	Über QuarkXPress		Alt + L + Ü

Aufbau des ersten Dokuments

Für Umsteiger werden die Voreinstellungen etwas gewöhnungsbedürftig sein, aber wer mit Stilvorlagen oder Druckformatvorlagen zu arbeiten gewohnt ist, der wird sich an das neue Prinzip schnell gewöhnt haben. Denn das Definieren der Stilvorlagen bei einem umfangreichen Werk erfordert Planung und Voreinstellungen. Nehmen Sie sich die notwendige Zeit, um die richtigen Einstellungen vorzunehmen, ein hektisches „Drauflosschaffteln" führt zu Fehleinstellungen, die Sie im nachhinein sehr mühselig ändern müssen.

Strg + N, je nach Ausführung Ihrer Tastatur verwenden Sie dieses Kürzel, um ein neues Dokument zu erstellen

Ein neues Dokument erstellen

Klicken Sie zweimal auf das Programm-Icon von QuarkXPress. Wählen Sie im **Datei-Menü** die Option **Neu**. Es öffnet sich das **Dialog-Fenster NEU** in dem Sie folgende Einstellungen vornehmen können:

Papierformat
Ränder
Spalteneinteilung
Automatischer Textrahmen

Papierformat

Mit diesem Begriff ist das Format Ihres Dokumentes gemeint, nicht das Laserdrucker-Papierformat. Wenn Sie ein Format von 140 x 210 mm eingeben, ändert sich der „Einstell-Knopf" in **Anderes**. Wird das Dokument später mit einer *Linotronic* belichtet, bedeutet dies, daß das Filmmaterial diese Breite voraussetzt, daß zwei Seiten nebeneinander auf das Filmmaterial passen und beim Filmvorschub ein geringer aber ausreichender Filmrand um den Text herum vorhanden ist. Vermeiden Sie so die Verschwendung teuren Filmmaterials. Das Belichtungs-Institut kann die Standard-Filmrolle im Belichter weiter verwenden, es muß kein Materialwechsel vorgenommen werden.

Richtige Einstellungen wirken sich positiv auf die Kosten aus.

Ränder

Die Ränder bestimmen den Stand auf dem Film aber auch am Bildschirm. Richten Sie das Film(Papier)-Format so ein, daß der Satzspiegel 130 mm breit werden soll, ist das Papier(Film)-Format 140 mm breit, so bestimmen Sie einen linken und einen rechten Rand von 5 mm. Ist der Satzspiegel inklusive lebendem Kolumnentitel und Seitenzahl 200 mm hoch, so bestimmen Sie ein Papier(Film)-Format von 210 mm, der Rand oben und unten wird dann mit 5 mm eingestellt.

Richten Sie die Ränder nach dem Filmmaterial ein, Sie sparen Kosten

Für den Offsetdruck sind diese Filmränder groß genug, jeder weitere Millimeter wäre Verschwendung! Sie brauchen beim Werksatz im Normalfall keinen Bundsteg zu berücksichtigen, außer Sie können immer zwei Seiten nebeneinanderstellen, die beim *Ausschießen* in jedem Falle zusammenbleiben. In diesem Fall kann der *Druckvorlagenhersteller* Zeit einsparen. Feststellen müssen Sie, an welcher Stelle Sie rationalisieren können. Wichtig ist es, das Filmmaterial so kostengünstig wie möglich auszunutzen, ohne damit typografische und ästhetische Gesetzmäßigkeiten zu verletzen.

Spalteneinteilung

Sie können für das Dokument auf den Musterseiten die entsprechenden Spalten definieren. Zwischen 1 und 30 Spalten können Sie eingeben, der Spaltenabstand kann sich von 3 bis 288 Punkten bewegen, die Eingaben müssen jedoch in den vordefinierten Bereich hineinpassen.

Automatischer Textrahmen

Dieses Symbol weist auf einen geschlossenen Textrahmen hin

Es empfiehlt sich, für den Normalfall die Option Textrahmen anzuklicken. Dann wird auf jeder Seite innerhalb des Satzspiegels automatisch ein Textrahmen eröffnet. Setzen Sie eine umfangreiche Broschüre mit vielen Seiten, so werden die Seiten untereinander verknüpft, wenn die Option aktiviert wurde.

Menü: Allgemeine Vorgaben

Wie schon erwähnt, sollten Sie bei QuarkXPress die **Voreinstellungen** vor der Arbeit vornehmen; denn das Arbeiten wird damit erheblich erleichtert. Stellen Sie Millimeter ein, wenn Sie gewohnt sind, mit Millimetern zu arbeiten. Hilfslinien nach **Vorne** einstellen, **Automatischer Bildimport** auf **Ein** aber das Feld **Automatischer Bezug** nicht anklicken. Vergessen Sie die Hilfslinien nach vorne zu stellen, werden Sie wenig Nutzen von den Hilfslinien haben, denn nur im Vordergrund dienen Sie Ihnen bei der Arbeit. Definieren Sie unterschiedliche Farben für Ränder, Hilfslinien und Basis-Schriftlinien, wenn Sie mit einem Farb-Monitor arbeiten. Bei einem Graustufen-Monitor müssen Sie analog verfahren und testen, welche Einstellung für Sie die beste ist. Nehmen Sie diese generellen Einstellungen bereits vor der Eröffnung einer neuen Datei vor, da diese Einstellungen dann für alle Dokumente gelten. Ansonsten werden die Voreinstellungen nur mit dem aktuellen Dokument abgespeichert.

Die Vorgaben sind gewöhnungsbedürftig, aber sehr nützlich.

Dokument sichern

Nachdem Sie alle Einstellungen vorgenommen haben, sollten Sie das aktuelle Dokument speichern. Rufen Sie hierzu das **Menü Bearbeiten, Speichern unter** auf. Die Voreinstellungen werden zu diesem Dokument abgelegt. Öffnen Sie ein neues Dokument, so müssen Sie Ihre gewünschten Einstellungen neu eingeben. Beim Speichern unter, haben Sie die Wahl, das Dokument als Datei oder als Formular abzuspeichern. Rufen Sie das Dokument als Formular neu auf, wird Ihnen eine Kopie des Formulars, ohne Namen, angeboten. Alle Voreinstellungen bleiben erhalten, Sie müssen dem neuen Dokument einen anderen Namen geben.

Leider fehlt die Einstellung: Alle 10 Minuten automatisch sichern. Deshalb, so oft wie möglich sichern! Der Befehl: [Strg] + [S]

Seitengestaltung und Musterseiten

QuarkXPress bietet Ihnen die Möglichkeit, das Dokument mit fixen Werten in den Musterseiten anzulegen. In den Musterseiten werden die Seitenzahlen, der Platz für die lebenden Kolumnentitel und sonstige immer wieder vorkommende typografische Einstellungen eingerichtet. Rufen Sie die Seitenlayout-Palette auf und klicken Sie in den „Muster-Seiten-Button". Sie sehen jetzt in der Seitenlayout-Palette die Muster-Seite 1.

Für jedes Dokument können mehrere Musterseiten angelegt werden.

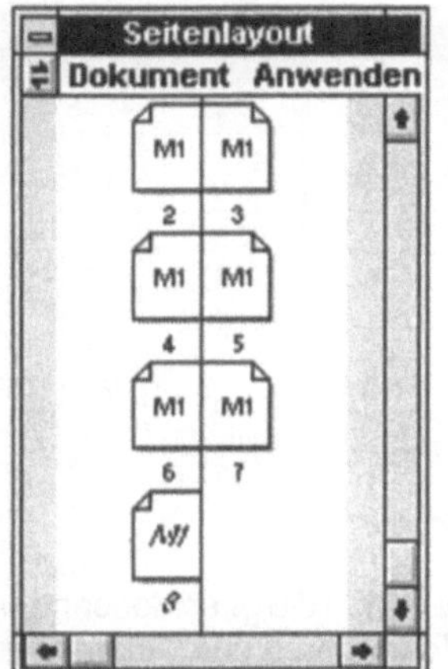
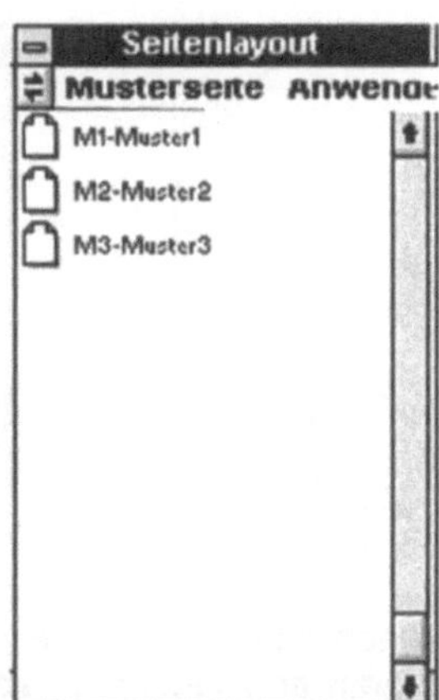

Abb. 3.1:   In der Seitenlayout-Palette werden die durchnumerierten Seiten angezeigt. Durch Klicken in den oberen Schaltknopf gelangen Sie in die Palette der Musterseiten.

In der rechten und linken Musterseite stellen Sie die Paginierung ein und plazieren die Seitenzahl im lebenden Kolumnentitel oder am Fuß der Seite. Der Weg ist jeweils der selbe. Sie ziehen einen Textrahmen auf, den Sie an der gewünschten Stelle positionieren, danach klicken Sie in den Textrahmen und mit dem **Befehl** Strg + 3 stellen Sie die Seiten-Numerierung ein. Es erscheint dann in dem Textrahmen das Symbol für die Seitenpaginierung (<#>). Sie kommen nur in die Musterseiten, indem Sie die Palette **Seitenlayout** auf den Bildschirm rufen. Dies erreichen Sie über das **Menü: Ansicht + Seitenlayout zeigen**. Klicken Sie in den Schaltknopf am Kopf des Rollfeldes,

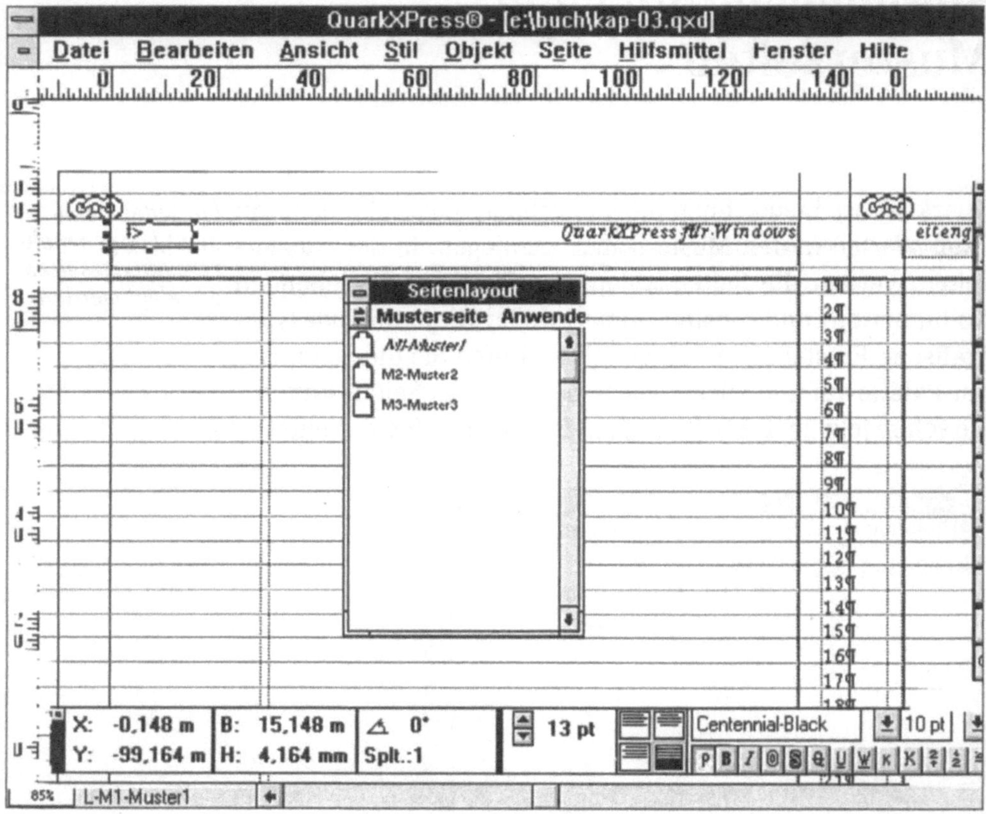

Abb. 3.2:   Wiedergabe einer Musterseite. Sie sehen die geschlossenen Verkettungswerkzeuge, d.h., die Textrahmen des Dokumentes sind automatisch verknüpft. In den Musterseiten sind die 42 Zeilen des Grundtextes mit den Grundhilfslinien eingestellt, die für die Kontrolle der Registerhaltigkeit ein sehr nützlichesHilfsmittel sind.

so erscheint die Miniatur der Musterseite. Durch zweimaliges Klicken auf die Musterseite öffnen Sie die Musterseiten. Der Weg zurück in das Dokument geschieht ebenfalls nur über die *Ein Zeilenzähler* Seitenlayout-Palette. Wollen Sie danach ohne die *Seitenlayout-* *und das Grund-* *Palette* arbeiten, schließen Sie die Palette und verwenden den *linienraster* Rollbalken, um in die nächsten Seiten zu gelangen oder rufen *erleichtern das* *Arbeiten.* die gewünschte Seite über den **Befehl:** Strg + J auf.

In der Musterseite nehmen Sie die Gestaltung für das gesamte Dokument vor. Sie können zwei gegenüberliegende Seite entwerfen, wie bei einem Fachbuch. Sie können aber auch drei verschiedene Musterseiten entwickeln, wenn Sie eine Zeitschriften-Rubrik umbrechen müssen, deren Seitenlayout sich von der „Aufmacherseite" zu den nachfolgenden Seiten grundlegend ändert.

Sie haben beim Anlegen des Dokumentes das Papierformat festgelegt, wobei der Nullpunkt links oben am Papier- oder Filmrand steht. Von hier aus oder vom Satzspiegelrand aus können Sie Linien ziehen, Textrahmen aufziehen und Bildrahmen aufziehen, z.B. für Vignetten oder andere immer wieder vorkommende Satzelemente. Richten Sie einen Satzspiegel mit linken und rechten Marginalien ein, so müssen Sie diese Einstellung in den Musterseiten vornehmen.

Für den Satzbereich des Grundtextes ziehen Sie auf der linken Musterseite einen Textrahmen auf. Für die Marginalienspalte links daneben ziehen ebenfalls einen Textrahmen auf. Beide aktivieren Sie nacheinander und kopieren sie mit dem **Befehl** Strg + D. Danach plazieren Sie die beiden Rahmen auf der rechten Musterseite. In der Maßpalette überprüfen Sie den Stand der Rahmen.

Für die Seitenzahl und für den lebenden Kolumnentitel wird am Kopf der Seite ebenfalls ein Textrahmen aufgezogen. Der Textrahmen für den lebenden Kolumnentitel ist 130 mm breit, er überlagert den Textrahmender Seitenzahl. Die schraffierte 4 Punkt starke Linie unterhalb des lebenden Kolumnentitels ist mit dem **Befehl** Strg + N eingerichtet worden. Wichtig ist, auch hier, genau die Einstellungen zu kontrollieren. Auf keinen Fall darf der linke Textrahmen einen halben Millimeter niedriger von oben eingestellt sein. Denn dann stünden die Linien nicht auf der selben Höhe.

Die Texte für den lebenden Kolumnentitel werden in den Musterseiten eingegeben. Jedes Kapitel beginnt auf einer rechten Seite, die lebenden Kolumnentitel gelten für das gesamte Kapitel.

In den Dokumentseiten erscheinen nun die Seitenzahlen und die lebenden Kolumnentitel. Bearbeiten Sie ein Werk, bei dem sich die lebenden Kolumnentitel von Zwischenüberschrift zu

Zwischenüberschrift ändern, müssen Sie die Änderungen am Kopf der jeweiligen Seite vornehmen. Der lebende Kolumnentitel ist auf jeder Seite editierbar. Die Seitenzahlen lassen sich ebenfalls ändern.

Alle Elemente der Musterseiten können in den Dokumentenseiten geändert werden. Die Musterseiten sind Voreinstellungen für das Kapitel, können aber dem Umbruch jederzeit angepaßt werden. Die lebenden Kolumnentitel können also allen Belangen angepaßt werden. Dieses muß allerdings manuell geschehen, automatisch werden die lebenden Kolumnentitel nicht vom Programm eingesetzt.

Sind Sie das Arbeiten mit dem *PageMaker* gewohnt, sind Ihnen diese Anfangsarbeiten vertraut. Selbstverständlich können Sie, nachdem Sie einige Seiten bearbeitet haben und feststellen, daß Sie ein paar wichtige Elemente vergessen haben, nachträglich die Musterseiten nach den neuen Gegebenheiten anpassen. Speichern Sie Ihr Dokument mit Strg + S, so daß die Arbeit gesichert wird.

Elemente gegenüberliegender Musterseiten kopieren

Nutzen Sie das komfortabelste Leistungsmerkmal eines PC aus: es ist das Kopieren. Nachdem Sie auf der linken Musterseite alle Elemente definiert haben, markieren Sie alle Elemente und gruppieren Sie diese mit dem **Befehl** Strg + G.

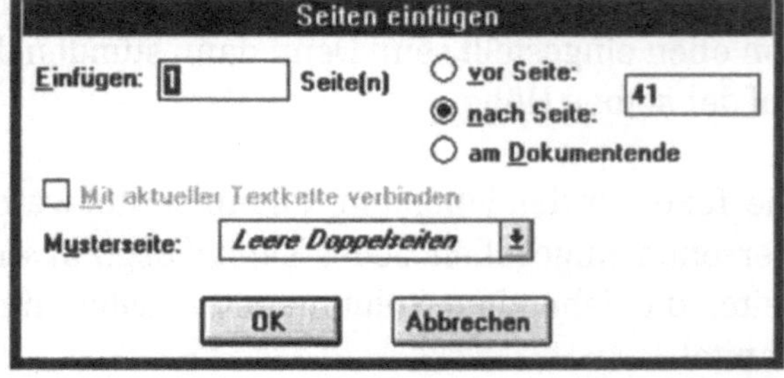

Abb. 3.3: Im **Menü Seite** können Sie Dokumentenseiten einfügen, Löschen, Bewegen, Musterseiten einstellen, Kapitel-Anfänge bestimmen.

Jetzt klicken Sie die Gruppe mit dem Objektwerkzeug an und ziehen alle Objekte auf die nächste Seite und stellen sicher, daß sie den selben Stand einnehmen, wie auf der gegenüberliegenden Seite. Es wäre fatal, wenn der lebende Kolumnentitel einen Millimeter niedriger stehen würde.

In der **Seitenlayout-Palette** werden alle Seiten des vorhandenen Dokumentes angezeigt. In der obersten Leiste lesen Sie Seitenlayout, klicken Sie in den nebenstehen Knopf, öffnet sich ein Aufblendmenü, in dem die Funktionen **Verschieben, Größe ändern** und **Schließen** angezeigt werden. Der darunter befindliche Knopf dient dazu, von einer Musterseite in eine Dokumentenseite zu springen. Die Seitenlayout-Palette kann wie jede andere Palette auch, an jeden beliebigen Platz auf dem Bildschirm gestellt werden. Arbeiten Sie mit einem 14"-Monitor, ist die Sicht begrenzt. Mit dem **Befehl** (Alt) + (E) schalten Sie die Seitenlayout-Palette ein und aus.

Dieser Schalter ermöglicht es, von den Musterseiten in die Dokumentenseiten zu springen.

Sie sehen in der Seitenlayout-Palette immer zwei gegenüberliegende Seiten, wenn Sie Doppelseiten definiert haben. Setzen Sie eine Leporello-Broschüre, können Sie auch mehrere Musterseiten nebeneinander anordnen. Sind die Musterseiten gleich, erscheint in der Seite das selbe Symbol: „**M1**". Unter dem Seitensymbol mit „Eselsohr" steht die Seitenzahl. Beginnt also das Dokument mit der Seite 17, so sehen Sie als erste Seite die Zahl 17. Klicken Sie zweimal auf das Seitensymbol, so springen Sie zu der angeklickten Seite.

Dokumentenseiten einfügen

Bisher haben Sie eine Seite in Ihrer Datei eingerichtet, die Datei soll aber 32 Seiten umfassen, das sind zwei Druckbögen à 16 Seiten. Sie rufen das **Menü Seite, Einfügen** auf. Es erschein das Dialogfenster Seiten einfügen. In dem Feld **Einfügen** geben Sie die Zahl 1 ein.

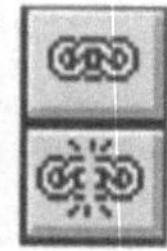

Machen Sie sich vertraut mit den Verkettungs-Werkzeugen

An die Seite 1 wird eine zweite Seite angefügt. Die beiden Seiten müssen jetzt verkettet werden. Dazu dienen die dazugehörenden Werkzeuge, klicken Sie in das vorletzte Werkzeug der Werkzeugpalette. Klicken Sie dann in den Satzspiegel auf der

Arbeitsoberfläche. Der Rahmen beginnt zu kreisen. Von hier aus klicken Sie in die zweite Seite, und beide Seiten werden durch einen Pfeil verbunden. Erst ab dieser Aktion kann Text von der ersten Seite in die nachfolgende Seite fließen.

Wenn Sie jetzt das Dialogfenster **Seiten einfügen** aufrufen, können Sie weitere Seiten zu den ersten beiden Seiten hinzufügen. Sind die ersten beiden Seiten verkettet, ist die Zeile **Mit aktueller Textkette verbinden** schwarz, anderenfalls ist die Zeile grau, und das Feld läßt sich nicht anklicken. Ist die Zeile **Mit aktueller Textkette verbinden** schwarz, werden alle folgenden Seiten verkettet, das heißt, wenn Sie jetzt Text in die Datei einfließen lassen, läuft der Text von der ersten Seite bis in die letzte Seite. Sollten die Seiten nicht ausreichen, so fügt QuarkXPress automatisch weitere Seiten hinzu.

Die Prozedur ist gewöhnungsbedürftig, aber sie beinhaltet umfangreiche Möglichkeiten, die besonders bei Zeitschriftenlayouts gut eingesetzt werden kann.

Wollen Sie **Seiten löschen**, so müssen diese leer sein. Ansonsten werden sie nicht gelöscht, eine eingebaute Sicherung, mit der man nicht aus Versehen Textseiten löscht, die dann womöglich für immer verloren sind.

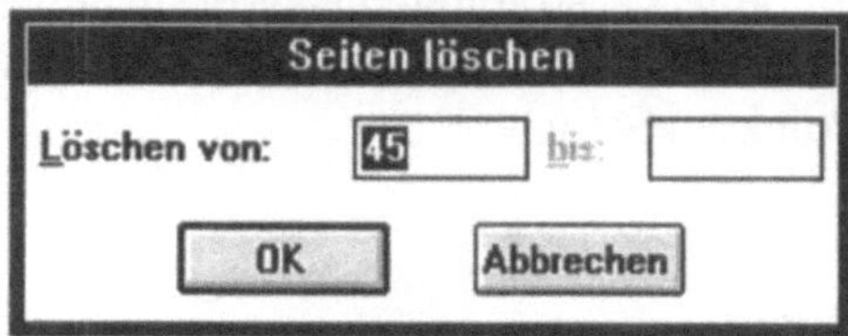

Abb. 3.4:
Löschen Sie alle leeren Seiten am Dokumentenende, sie sind unnützer Ballast.

Wählen Sie das **Menü Seite, Löschen**. Sie können dann die jeweiligen Seiten eingeben, die gelöscht werden sollen. Es kann vorkommen, daß Sie ein Dokument mit zu vielen Seitenzahlen angelegt haben. Wollen Sie das Dokument im ganzen ausdrucken, so kann es passieren, daß zahlreiche Seiten, die leer sind, mit ausgedruckt werden. Bei einem Laserdrucker fällt dieses nicht weiter ins Gewicht, bei einem Belichter jedoch werden nutzlose Seiten belichtet, die Kosten verursachen.

Seiten verschieben

In QuarkXPress gibt es für eine Aktion meistens mehrere Möglichkeiten. Das Aufrufen der Funktionen über Tastaturkürzel, über die Maus und die Menüs usw. Beim Bewegen und Verschieben von Seiten gilt dies gleichermaßen. Sie können per Menü-Eingabe die Seiten verschieben oder die Miniaturansicht dazu verwenden, Seiten zu verschieben. Soll eine Grafik, ein Bild oder eine ganzseitige Tabelle verschoben werden, so ist dieses eine komfortable Möglichkeit. Zusammenfassend kann man sagen, daß QuarkXPress eine Fülle von Möglichkeiten bietet, ein Dokument zu gestalten. Mehrere Musterseiten nebeneinander anzuordnen, bietet kein anderes vergleichbares Konkurrenzprogramm. Für Zeitschriften ist das eine wichtige Voraussetzung. QuarkXPress hat gerade in diesem Bereich große Erfolge zu verzeichnen. Im Werksatz werden sicherlich die zahlreichen Varianten nicht ausgenutzt werden, da Bücher in den seltensten Fällen 127 Musterseiten verlangen.

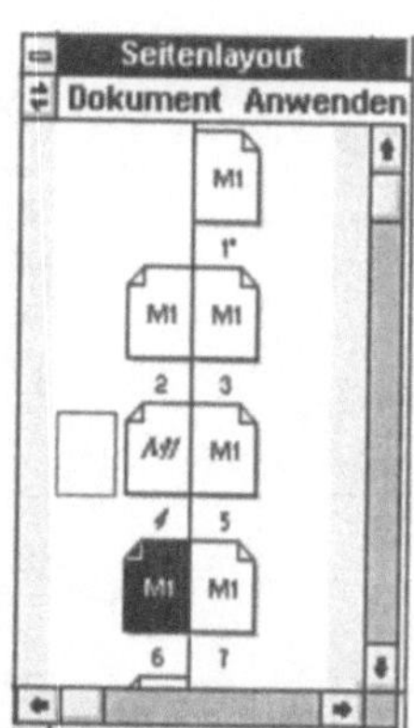

In der Seitenlayout-Palette können Seiten verschoben werden

Kapitelbeginn festlegen

Im **Menü Seite** wird die Seiten-Numerierung eingestellt. Bei einem umfangreichen Werk unterteilen Sie das Buch in Kapitel, diese können entweder auf einer rechten oder linken Seite beginnen. Ein Werk von 500 Seiten Umfang sollten Sie niemals in eine Datei stellen, sondern Sie richten entsprechende Dateien ein, die 16 bis 32 Seiten umfassen sollten. Erst nach dem

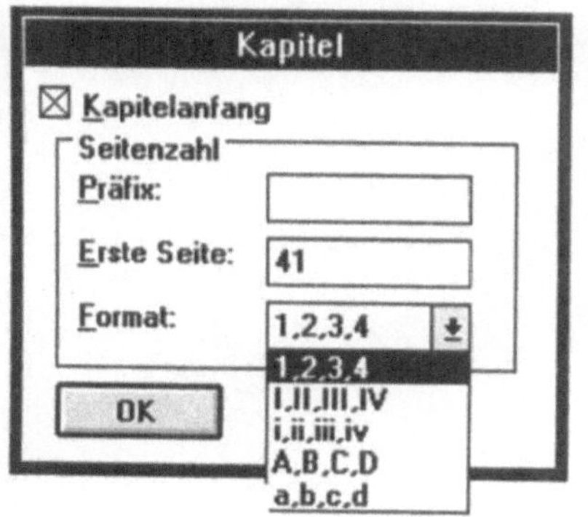

Abb. 3.5:
In diesem Dialogfenster stellen Sie den Beginn der Kapitelpaginierung ein. Für die Titelei, Inhaltsverzeichnis und Einleitung sowie Vorwort bietet sicht Ihnen die Option der römischen Paginierung an.

Umbruch wissen Sie, mit welcher Seite das vierte und fünfte Kapitel beginnt. Jetzt weisen Sie der ersten Seite des jeweiligen Kapitels die erste Seitenzahl zu. Beginnen Sie mit der Numerierung bei Seite 1 bei der Einleitung, können Sie bis zum Schluß des Buches alle Seitenzahlen festlegen.

Die Titelei und das Inhaltsverzeichnis erstellen Sie zum Schluß, nun steht Ihnen die Option zur Verfügung, die Titelei und das Inhaltsverzeichnis mit römischen Seiten zu paginieren.

Einstellungen der Rahmen

Die meisten Layoutprogramme im DTP-Bereich sind rahmen-orientiert. QuarkXPress gehört ebenfalls dazu und ermöglicht so ein präzises Setzen – bis zu drei Stellen hinter dem Komma. Die Fotosetzer, die sich auch mit QuarkXPress vertraut machen müssen, werden das zu schätzen wissen. Der Neuanfänger wird den Nutzen erst später kennenlernen. Ob Rahmen oder nicht, die Satzbereiche haben eine waagerechte und senkrechte Ausdehnung, ob sich nun ein Rahmen oder ein imaginärer Rahmen darum befindet, ist vollkommen sekundär; wichtig ist die Präzision und die Schnelligkeit.

Die Präzision läßt sich in der Maßpalette während des Arbeitens kontrollieren. Sie sollten die Maßpalette immer eingeblendet haben, auf die Seitenlayoutpalette und die Stilvorlagen-Palette hingegen kann man während des Schreibens verzichten. Die QuarkXPress-Version unter Windows 3.1 bietet zahlreiche Tastaturkürzel an. Setzer werden dies zu schätzen wissen. Haben Sie sich erst einmal die Arbeitsweise mit Tastaturkürzeln angeeignet, sollten Sie unnütze Paletten ausblenden, zumal wenn Sie keinen 19 bis 21"-Monitor besitzen. Denn jeder Millimeter auf dem Monitor Ihrer Arbeitsfläche „ist Gold wert".

Die Rahmen sorgen für Präzision beim Layouten.

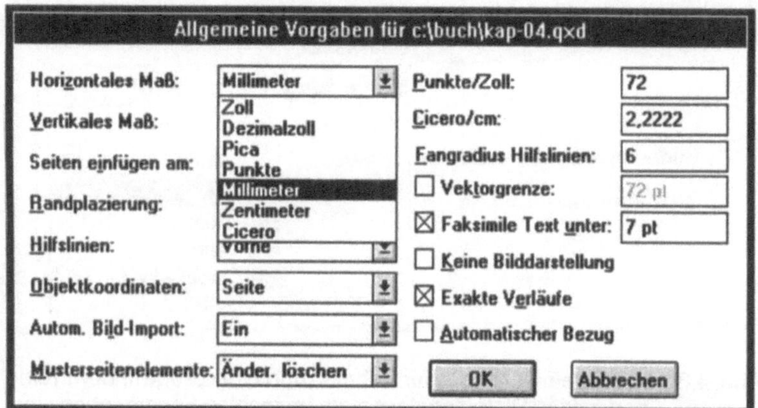

Abb. 4.1:   In diesem Dialogfenster stellen Sie die Parameter ein, ob Sie in Zoll, Dezimalzoll, Pica, Punkte, Millimeter, Zentimeter oder Cicero arbeiten möchten.

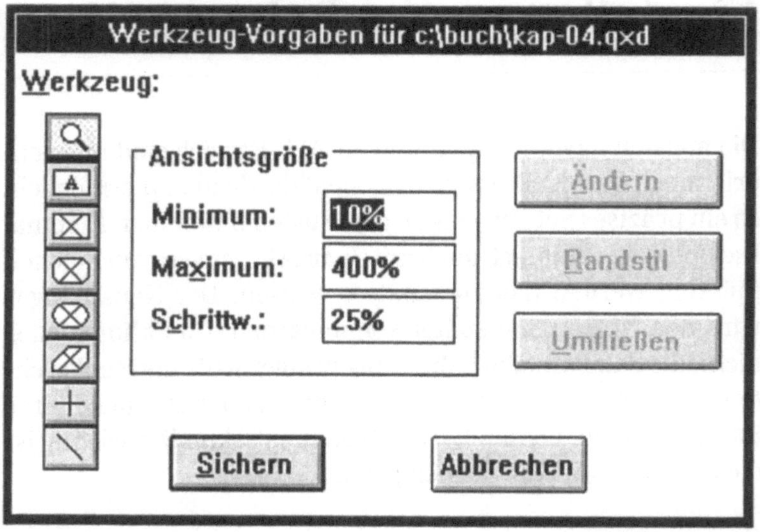

Abb. 4.2: Jedes Werkzeug kann den dokumentspezifischen Belangen angepaßt werden. Das schrittweise Vergrößern oder Verkleinern der Lupe kann den Bildschirm-Ausdehnungen angepaßt werden. Die Linien haben eine Voreinstellung von einem Punkt, für dieses Dokument sind sie mit 0,25 pt eingestellt.

Voreinstellungen sind für rationelles Arbeiten sehr wichtig.

Bei immer wiederkehrenden Arbeiten sind wenige Voreinstellungen schon sehr zeitsparend.

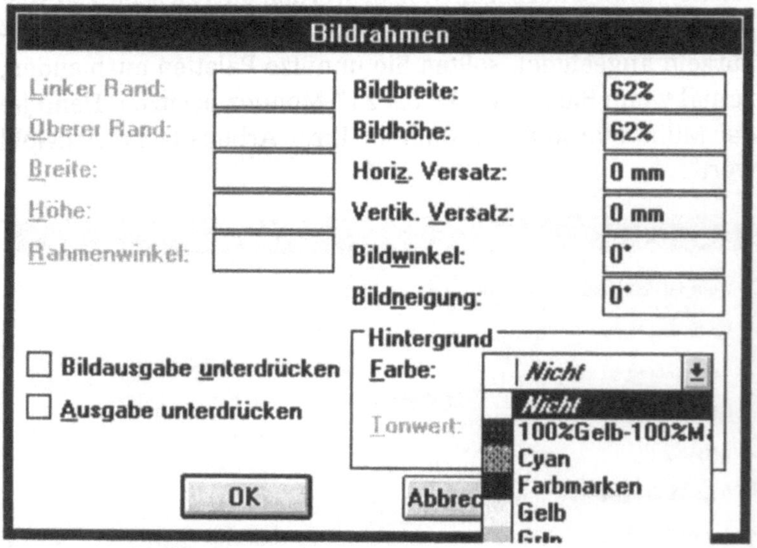

Abb. 4.3: Die Voreinstellungen für Rahmen und Werkzeuge finden in diesen beiden Dialogfenstern statt. Im rechten Fenster oben sind für dieses Buch die Bildrahmen auf 62% Verkleinerung voreingestellt. Bei den Bildschirm-Wiedergaben werden die Bilder automatisch einheitlich auf 62% verkleinert.

Unterschiedliche Arbeitsweisen

Im Dialogfenster **Allgemeine Vorgaben** können Sie das Feld **Automatischer Bezug** anklicken, dann stehen die Textrahmen, die Sie auf einer Seite definieren können zueinander im Bezug, das heißt, wenn Sie einen Rahmen löschen, werden die weiteren automatisch mit gelöscht. Sie sollten nur dann diese Option wählen, wenn von vornherein klar ist, daß Sie so arbeiten wollen. Meistens ist es besser, wenn Text- und Bildrahmen frei auf einer Seite plaziert werden können.

Text- und Bildrahmen

Textrahmen werden vom Programm generell rechteckig aufgezogen, der Text steht grundsätzlich immer erst einmal in einem Rechteck oder Quadrat. Bei den Bildrahmen können Sie unterschiediche Rahmen wählen. Drücken Sie beim Aufrufen des rechteckigen Bildrahmens die Umschalttaste ⟨⇧⟩, dann erhalten Sie automatisch ein Quadrat. Sie erhalten einen Kreis, wenn Sie beim Aufrufen einer Ellipse die Umschalttaste ⟨⇧⟩ festhalten. Die Größen der jeweiliegen Rahmen lassen sich bequem über die Maßpalette oder über das Dialogfenster ⟨Strg⟩+⟨M⟩ einstellen.

Rotieren

Jeder Rahmen kann frei rotiert werden. Und wie fast immer, ebenfalls in der Maßpalette, tippen Sie den Wert des Winkels über die Tastatur ein, bestätigen Sie mit ⟨↵⟩, das Rotieren eines Rahmens erfolgt sofort. Zwischen Textrahmen und Bildrahmen gibt es einen kleinen Unterschied, Bildrahmen können auch gekippt werden. In einem Beispiel werden in der Maßpa-

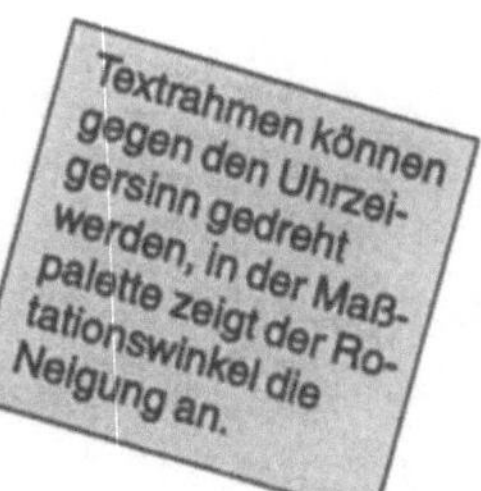

Geben Sie ein Minuszeichen vor dem Wert ein, wird der Rahmen in die entgegengesetzte Richtung gedreht.

△ -15°
Splt.:1

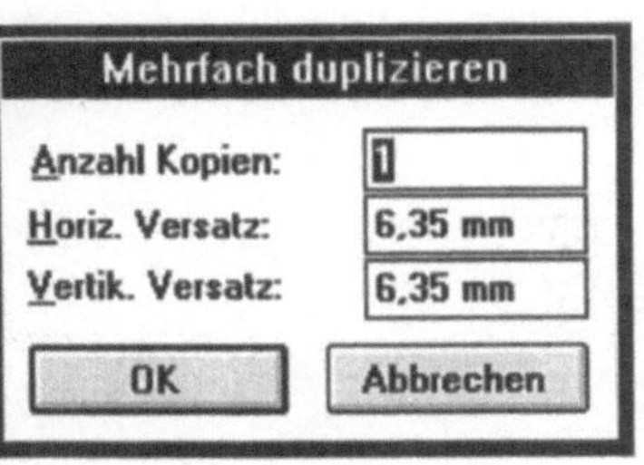

Abb. 4.4:
Sie können jedes Objekt mehrfach duplizieren, die Werte können in jedem beliebigen Maß eingegeben werden. Das Programm rechnet es bis auf drei Stellen hinter dem Komma um. Intern rechnet das Programm in Zoll.

*Sie können alle ge-
wünschten Einstel-
lungen vornehmen.*

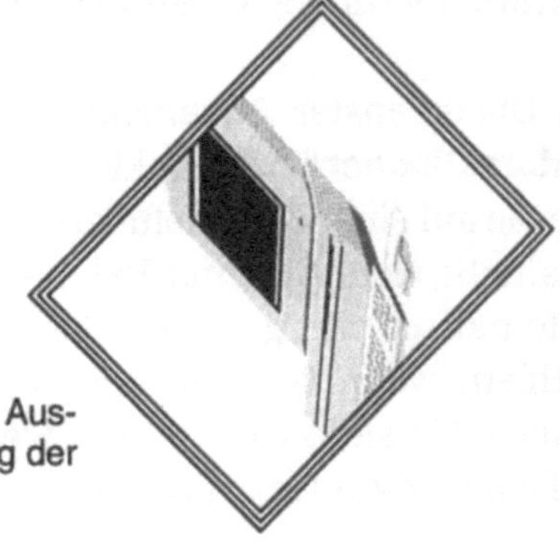

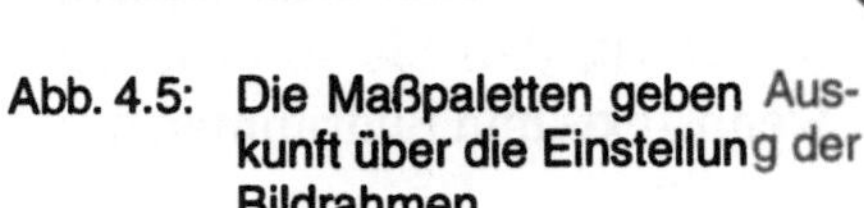
Abb. 4.5:   Die Maßpaletten geben Aus-
kunft über die Einstellung der
Bildrahmen.

*Im dritten Feld
stellen Sie den
Eckenradius eines
Rahmens ein.*

| X: 30,767 m | W: 37,233 m | △ 0° | X%: 25% | X+: 2,293 mm | △ U |
| Y: -88,93 m | H: 29,388 m | ⌐ 0 mm | Y%: 25% | Y+: 2,558 mm | ⌿ U |

| X: 82 mm | W: 37,233 m | △ 45° | X%: 25% | X+: 6,543 mm | △ 45° |
| Y: -62,983 m | H: 29,388 m | ⌐ 0 mm | Y%: 25% | Y+: 8,191 mm | ⌿ 45° |

lette die Einstellungen demonstriert. Neben einem normal
dargestellten Bild wird ein modifiziertes Bild wiedergegeben.

Das linke Bild ist nicht modifiziert worden.
Die **obere Maßpalette** gibt die Parameter wieder:
1. Feld: Entfernung vom Rand, X- Y-Koordinaten
2. Feld: Breite und Höhe des Bildfensters
3 Feld: Drehung des Bildes 0°
          Eckenradius 0 mm
4. Feld: Verkleinerung auf 25%
5. Feld: X-Y-Koordinaten
6. Feld: Drehung des Bildinhalts = 0°
          Neigung des Bildinhalts = 0°

Die **untere Maßpalette:**
1. Feld: Entfernung vom Rand, X- Y-Koordinaten
2. Feld: Breite und Höhe des Bildfensters
3 Feld: Drehung des Bildes 0°
          Eckenradius 0 mm
4. Feld: Verkleinerung auf 25%
5. Feld: X-Y-Koordinaten
6. Feld: Drehung des Bildinhalts = 45°
          Neigung des Bildinhalts = 45°

Die Angaben finden Sie im Dialogfenster (Strg) + (M) wieder, dort können Sie einem Bild farbige Hintergründe zuweisen. Ein importiertes Bild mit EPS-Format oder TIFF-Format kann in QuarkXPress farbig eingestellt werden. Die Beschreibung hierzu finden Sie im Kapitel Grafiken und Bilder.

Ein TIP vorab: Vermeiden Sie es, Halbtonbilder in QuarkXPress zu drehen. Solange diese per Laserdrucker ausgedruckt werden, ist die Wartezeit nicht sehr groß, anders bei einem Belichter, der mit 2400 Linien belichtet. Der Rechenprozeß ist enorm, weil bei einem Halbtonbild – noch viel schlimmer bei einem Farbbild – jeder Bildpunkt berechnet und zum Drehen umgerechnet werden muß.

Rahmen und Hintergründe

Im **Menü Objekt, Modifizieren** (Strg) + (M) stellen Sie den Hintergrund eines Rahmens ein. Bei Text- oder Bildrahmen kann der Hintergrund mit Weiß hinterlegt werden. Dann werden darunterliegende Objekte abgedeckt. Bei der Option „kein" ist der Hintergrund transparent. Jeden beliebigen Rasterwert können Sie einstellen sowie jede der angebotenen Farben.

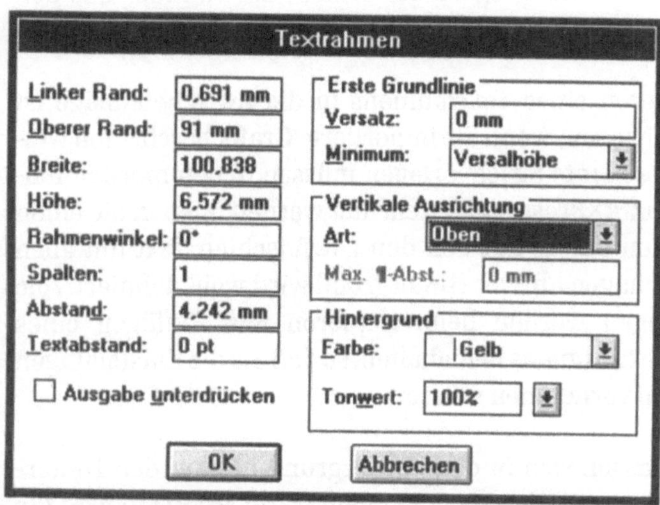

Abb. 4.6: In diesem Fenster nehmen Sie die Einstellungen für Text- und Bildhintergründe vor.

Rahmen verschieben

In QuarkXPress spielt sich alles in Rahmen ab.

Sie können jeden Rahmen auf der Arbeitsfläche frei bewegen. Selbst neben dem Satzspiegel können Sie einen Rahmen plazieren. Klicken Sie den Rahmen mit dem Objektwerkzeug an, halten Sie die Maustaste gedrückt und bewegen Sie den Rahmen dorthin, wohin er soll. In der Maßpalette laufen die **x-, y-Koordinaten** mit. Sollen mehrere Rahmen gleichzeitig verschoben werden, klicken Sie weitere Rahmen an, während Sie die Umschalttaste ⟨⇧⟩ gedrückt halten, um mehrere Objekte zu markieren.

Die Rahmen können punktweise verschoben werden, indem Sie das Objektwerkzeug anklicken, den Rahmen damit aktivieren und mit der entsprechenden Cursortaste den Rahmen punktweise in die gewünschte Richtung verschieben. Wollen Sie den Rahmen in 0,1-Punkt-Schritten verschieben, halten Sie die ⟨Alt⟩-Taste gedrückt.

Wollen Sie einen Rahmen verkleinern oder vergrößern, müssen Sie den Rahmen mit dem Objektwerkzeug anklicken. Mit den Aktivierungspunkten können Sie den Rahmen in die gewünschte Größe verändern. Soll der Rahmen an eine ganz bestimmte Stelle plaziert werden, können Sie vorher den Nullpunkt auf die Satzspiegelkante ziehen, um von hier aus den genauen Abstand in der Maßpalette ablesen zu können.

Eingescannte Strichabbildungen werden in QuarkXPress sehr schnell neu beschriftet.

Das Kopieren eines Textrahmens in die Zwischenablage ist dann von Nutzen, wenn Sie importierte Grafik beschriften wollen. Eingescannte Strichvorlagen müssen in den meisten Fällen mit QuarkXPress neu beschriftet werden. Ziehen Sie einen Textrahmen auf und setzen den gewünschten Text mit allen Formatierungen ab. Der Hintergrund wird weiß definiert. Alle Einstellungen werden beim Kopieren und Einfügen eines zweiten Textrahmens beibehalten, so daß Sie die Einstellungen nur einmal vornehmen müssen.

Rahmen lassen sich in den Vordergrund bzw. in den Hintergrund stellen, mit der Maus können Sie im **Menü Objekte** die Einstellungen vornehmen, es geht aber auch per Tasteneingabe. Sie halten die ⟨Alt⟩-**Taste** fest und geben die Buchstaben

Ⓞ + Ⓔ für vorwärts ein oder [Alt] + Ⓞ + Ⓝ für rückwärt sein. In QuarkXPress sind alle Funktionen auch mit Tastenbefehlen belegt, ein Fortschritt, der in der Windows-Version besser programmiert ist als in der Macintosh-Version. Auf den Seiten38 bis 40 sind für den Einstieg die notwendigen Tastenbefehle. Im Anhang sind alle Tastenbefehle aufgelistet. Je eher Sie sich die wichtigsten Tastaturkürzel einprägen, desto schneller können Sie mit QuarkXPress arbeiten. Sie werden bereits festgestellt haben, daß einige Tastaturkürzel doppelt belegt sind, in den Aufblendmenüs steht dann hinter dem Befehl: [Strg] + Ⓘ.

Die [Strg]-Befehle sind mit den Macintosh-Befehlen kompatibel. Alle Rahmen oder Objekte lassen sich mit dem Befehl: [Strg] + Ⓛ oder [Alt] + Ⓘ + Ⓛ festsetzen, so daß sie nicht mehr verschoben werden können. Eine sehr wichtige Funktion, wenn Sie mit QuarkXPress Grafiken aufbauen. Öffnen Sie einen Bildrahmen und plazieren ein Halbtonbild, so können Sie mit der Verschiebehand das Motiv im Bildrahmen entsprechend plazieren. Klicken Sie das Bild an und geben den Befehl [Strg] + Ⓛ ein, dann können Sie das Motiv im Bildrahmen nicht mehr verschieben. Dieser Befehl ist ein sogenannter *„Ein-Aus-Schalter"*, mit [Strg] + Ⓛ setzen Sie ein Objekt fest und mit dem selben Befehl lösen Sie das Objekt.

Objekte festsetzen verhindert ein versehentliches Verrutschen.

Das Aussehen der Rahmen einstellen

Die aufgezogenen Text- oder Bildrahmen dienen nur der Positionierung, sie werden nicht mit ausgedruckt. Wünschen Sie einen Rand um den Textrahmen, muß dieser im **Menü Objekt –**

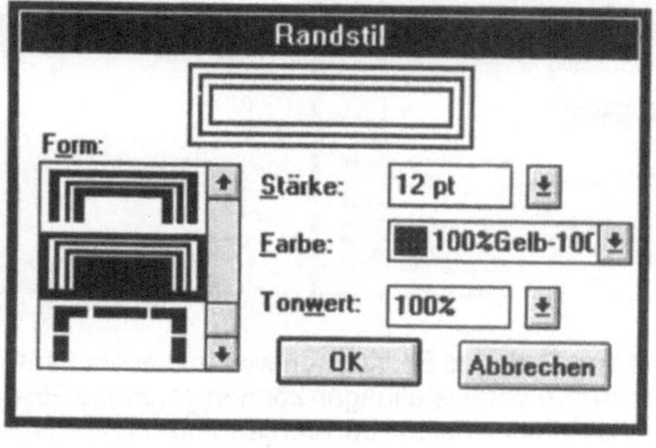

Abb. 4.7:
Bei einem dreifachen Rahmen muß die Linienstärke entsprechend groß eingestellt werden.

Randstil – ⌨Strg + ⌨B eingestellt werden. QuarkXPress bietet einer Vielzahl an Linienmuster die Ihnen in einem Rollfeld angeboten werden. In diesem Fenster stellen Sie die Punktgröße fest, die Farbe und den Tonwert, wenn die Linie als 50%tiger roter Raster gedruckt werden soll. In den Voreinstellungen für Werkzeuge stellen Sie den Wert ein, der in diesem Fenster erscheint. Arbeiten Sie grundsätzlich mit feinen Linien, so sollten Sie 0,25 pt einstellen, damit *„stumpffeine"* *Linien* durchgängig eingestellt werden. Die Linienstärke bei Tabellen oder Bildrahmen sollte nicht stärker sein als die Schrift.

Umfließen von Rahmen

Bei jedem Rahmen, ob Text- oder Bildrahmen, läßt sich die Konturenführung ein oder ausstellen. Der **Befehl**: ⌨Strg + ⌨T ruft das Dialogfenster auf, in dem Sie die Einstellungenvornehmen können. Wollen Sie Formsatz durchführen, müssen Sie in diesem Dialogfenster die Einstellungen vornehmen. Ist eine Konturenführung eingestellt, verdrängt der Rahmen andere Objekte oder die umfließende Schrift. Die Einstellungen können Sie auch in Millimeter eingeben, QuarkXPress rechnet intern dann den Wert in Punkte um.

QuarkXPress 3.1 ermöglicht es, Bildrahmen im Text zu verankern, das heißt, ein Bildrahmen steht mitten im Text und fließt beim Umbruch mit dem Text mit. Sie legen einen Bildrahmen an, kopieren diesen in die *Zwischenablage*, setzen den

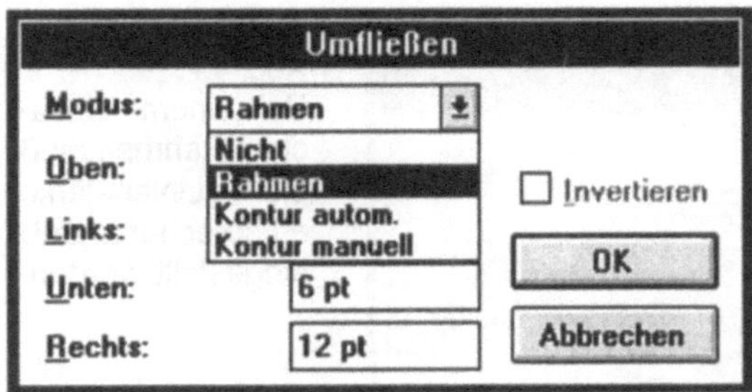

Abb. 4.8:   Das Umfließen von Text- und Bildrahmen wird in diesem Fenster eingestellt. In den Voreinstellungen können generelle Einstellungen für alle Rahmen bereits dort vorgenommen werden.

Cursor an die gewünschte Textstelle und setzen mit dem **Befehl** [Strg] + [V] den Bildrahmen ein. Aktivieren Sie den Bildrahmen mit dem **Befehl** [Strg] [+] [M] erscheint das Dialogfenster **Verankerter Textrahmen**. Hier können Sie die Ausrichtung des Textrahmens vornehmen. Stellen Sie vorher sicher, daß die Konturenführung des Bildrahmens ausgeschaltet ist, denn sonst verdrängt der Rahmen den Text. Mit der Verschiebehand können Sie das Motiv auf die Schriftlinie stellen.

Die Textverarbeitung

QuarkXPress bietet Ihnen eine leistungsfähige Textverarbeitung an. Sie können sofort ihre Texte in QuarkXPress schreiben oder Sie importieren Texte aus anderen Programmen. QuarkXPress verwendet die aktuellen Filter, die Sie mit Windows 3.1 mitgeliefert bekommen. Werden Ihnen exotische Dateien zur Verfügung gestellt, müssen Sie Umwege beschreiten, lassen Sie sich ggf. von Ihrem Kunden eine ASCII-Datei liefern.

ASCII-Format als „alternative Notlösung"

Textrahmen

Bevor Sie schreiben wollen, müssen Sie einen Textrahmen aufziehen, indem Sie das Textrahmenwerkzeug anklicken und damit einen Rahmen aufziehen. Der Cursor wird zu einem Pluszeichen. In dem *horizontalen* und *vertikalen Lineal* läuft der Cursor mit, so daß Sie damit die Ausrichtung des Textrahmens bestimmen können. Gleichzeitig zeigt die Maßpalette die Dimensionen des Rahmens an.

Wollen Sie den Textrahmen verschieben, klicken Sie auf den Rahmen und ziehen mit festgehaltener Maustaste den Rahmen an die gewünschte Stelle. Sie können den Rahmen an den Griffen verkleinern und vergrößern. Mit dem **Befehl** Strg + L fixieren Sie den Rahmen, so daß er nicht mehr bewegt werden kann.

Änderungen über die Maßpalette

Die linken drei Bereiche beziehen sich auf die Parameter des Textrahmens. Die **X**-Angabe steht für waagerechte, die **Y**-Angabe für die senkrechte Ausrichtung. **B**: steht für Breite, **H**.

Abb. 5.1: Die Maßpalette sollte ständig eingeblendet sein, in keiner anderen Palette finden Sie so viele wichtige Informationen wie hier.

Schriften horizontal in %-Schritten zu modifizieren ist eine besondere Stärke des Programmes

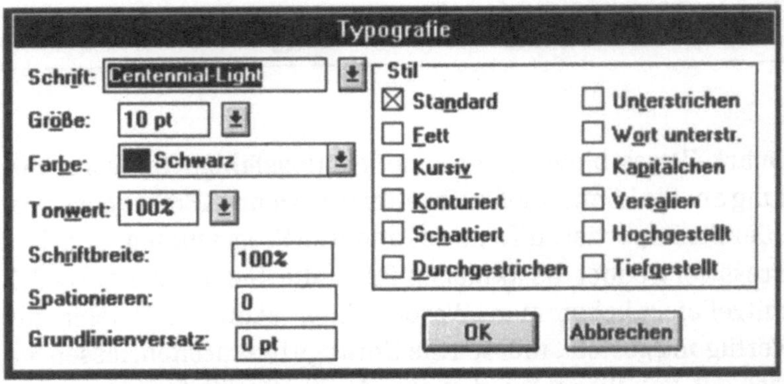

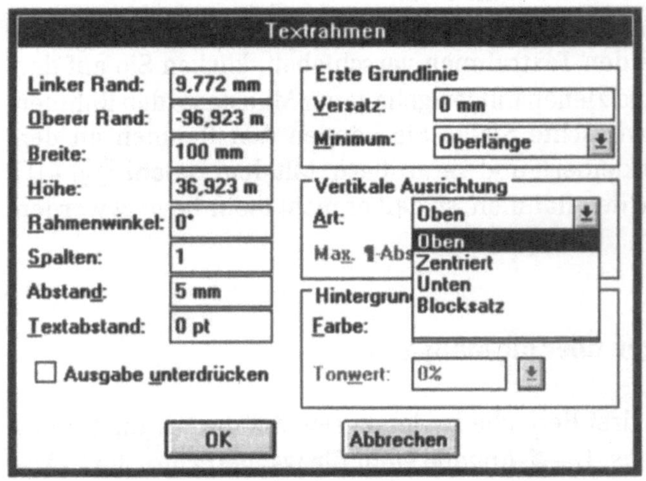

Abb. 5.2: In diesem Dialogfenster **Typografie** stellen Sie die Schrift-Attribute ein. Die Schriftbreite kann bis zu 400% eingestellt werden.

steht für Höhe. Sie können hier die Werte mit dem Cursor anklicken, löschen und neu eingeben. Die Werte werden sofort übernommen, wenn Sie die ⏎-Taste tippen. Die Einstellungen können bis auf 1/1000 mm definiert werden. Im dritten Feld sehen Sie den den Gradwinkel, hier können Sie bis zu 0,1-Grad-Schritte vorgeben. Eine Option, die bis jetzt kein vergleichbares anderes Layoutprogramm bietet.

Abb. 5.3: In diesem Fenster können Sie für einzelne Rahmen den „Vertikalen Keil" einstellen, und dem Hintergrund ein Raster zuweisen. Da es keine Muster gibt, werden hier Rasterwerte eingegeben, wenn ein Textfeld farbig hinterlegt werden soll. Überfüllungen werden an anderer Stelle eingestellt.

Im selben Feld sehen Sie die Angabe über die aktuelle Spaltenzahl. Geben Sie einen neuen Wert ein, verändert sich sofort der Umbruch. Sie können während der Arbeit jederzeit die Spaltenanzahl verändern.

Weitere Einstellungen lassen sich auch über das Dialogfenster **Textrahmen** einstellen oder kontrollieren. Dieses Fenster müssen Sie aufrufen, wenn Sie die *„Druck-Ausgabe"* unterdrücken wollen. Bei den QuarkXPress-Seiten zu diesem Handbuch läuft im Mittelsteg ein Zeilenzähler mit, der die Anzahl der Zeilen angibt und an denen das Grundlinienraster ausgerichtet ist. Da die 42 Ziffern nicht gedruckt werden sollen, sind sie mit dieser Option ausgeschaltet (Siehe Abb. 3.2, Seite 46).

Wichtig ist das Fenster **Vertikale Ausrichtung**. Hier stellen Sie ein, ob sich der Text von oben aus ausrichtet, von unten, in der Höhe zentriert wird oder ob er sich über die ganze Spalte verteilt ausrichtet. Die letztere Möglichkeit wird auch als *vertikaler Keil* bezeichnet. Setzen Sie eine Zeitschrift, bei der der vertikale Keil erforderlich ist, sollten Sie in den Voreinstelleungen bereits diese Möglichkeit nutzen, damit sich der vertikale Keil automatisch auf alle Textrahmen bezieht.

Der vertikale Keil muß für jeden Textrahmen separat eingestellt werde, oder Sie nehmen diese Einstellung in den Voreinstellungen vor.

Im **Feld Textrahmen-Hintergrund** werden die Rasterwerte und die Farben für die Hinterlegung definiert. Wählen Sie eine Farbe, die in dem Menü nicht angeboten wird, müssen Sie die Farbe **„NEU"** anlegen. Wie das geschieht, wird im Kapitel Grafiken und Bilder beschrieben.

Laden von Text

Textladen ist nur dann möglich, wenn Sie das Textwerkzeug gewählt haben und den Cursor in das leere Textfeld geklickt haben. Der Zeiger wird dann zur Einfügemarke, die an der ersten Schreibstelle zu blinken beginnt. Text kann an jeder beliebiegen Stelle eingefügt werden. Innerhalb eines Absatzes fügt sich der zu ladende Text an der *Cursor-Position* ein.

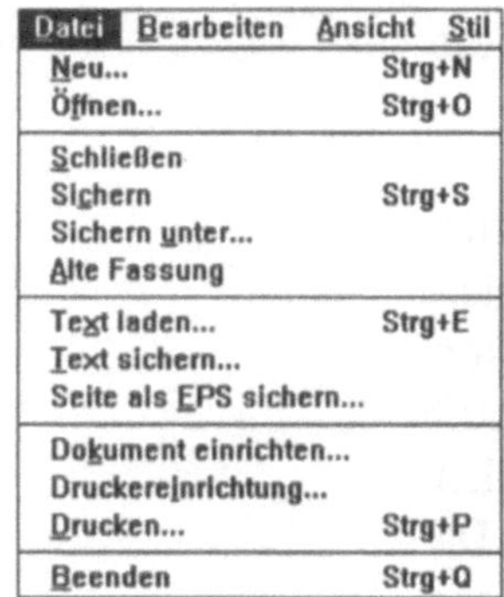 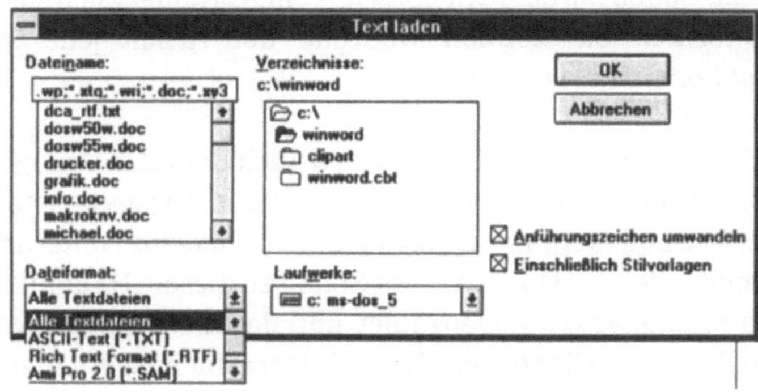

Abb. 5.4:   Textimport aus fremden Textverarbeitungen ist mit diesem Fenster möglich. Haben Sie Word for Windows 2.0 eingestellt, sucht und lädt das Programm nur diese Dateien.

Texte importieren

Zahlreiche Textfilter erlauben den Textimport aus fremden Textverarbeitungsprogrammen

Die Voraussetzung zum Import von fremden Textdateien sind die bereits erwähnten Filter. Sie müssen im selben Ordner stehen, in dem sich das Programm befindet. Nicht benötigte Filter sollten Sie in einen Unterordner kopieren und diese nur bei Bedarf in den Programmordner stellen. Neben zahlreichen Textverarbeitungen importiert QuarkXPress auch reine ASCII-Texte, bei denen jedoch jegliche Formatierungen fehlen.

Haben Sie in Word for Windows 2.0 mit Formatvorlagen gearbeitet, so müssen Sie vor dem Importieren das Feld **inklusive Stilvorlagen** anklicken, das gleiche gilt für die **Anführungszeichen**, wenn diese bereits beim Importieren umgewandelt werden sollen. Klicken Sie dieses Feld in jedem Falle an, Sie erhalten allerdings keine deutschen Gänsefüßchen sondern amerikanische. Es hat jedoch den Vorteil, daß Sie nur mit zwei **SUCHEN + ERSETZEN**-Arbeitsschritten die falschen in die richtigen Gänsefüßchen umwandeln können. Verwenden Sie wieder die Zwischenablage, in dem Sie die vorderen kopieren und im Dialogfenster **SUCHEN + ERSETZEN** in das Feld **Suchen nach:** einfügen. In das Feld **Ersetzen durch:** tippen Sie [Alt] + [0][1][3][2]. Sie sehen im Fenster die richtigen Anführungszeichen. Um die hinteren falschen Gänsefüßchen zu tauschen verfahren Sie analog. Sie tippen in das Feld **Ersetzen durch:**

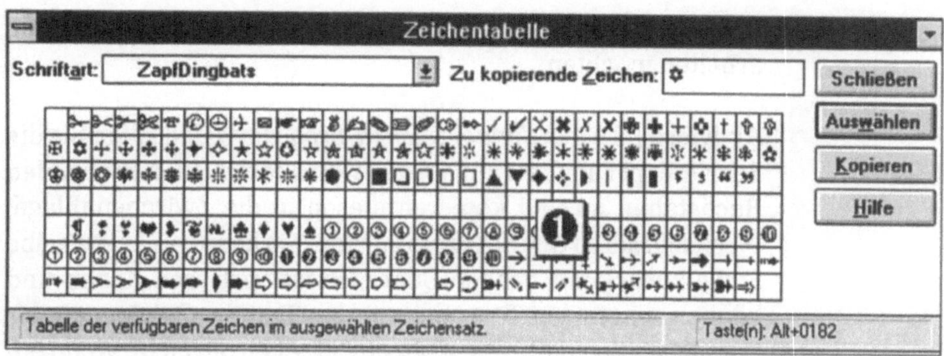

Abb. 5.6: Zu viele Programme sollten nicht in der **„TASK-Liste"** stehen.
Gleichzeitig Word for Windows oder EXCEL 4.0 geöffnet zu haben, kann bei vier Megabyte Arbeitsspeicher zu Problemen führen.

(Alt) + (0)(1)(4)(7). Leider finden sich die falschen Gänsefüßchen in vielen Druckschriften.

In QuarkXPress können Sie über die Zehner-Tastatur ANSI-Zeichen eingeben, zum Beispiel den „Backslash = \" oder den richtigen Gedankenstrich = (Alt) + (0)(1)(5)(0) –. Es muß allerdings die NUM- Taste eingestellt sein. Windows 3.1 ermöglicht Ihnen das Arbeiten mit mehreren Programmen gleichzeitig.

Mit der Zeichentabelle ist es leicht, die richtigen deutschen „Gänsefüßchen" zu verwenden: „ = (Alt)+(0)(1)(3)(2) auf der Zehnertastatur mit eingeschalteter **Num**-Taste

Verwenden Sie das **Zeichentabelle**-Programm, mit dem alle Sonderzeichen der jeweiligen Schrift am Bildschirm dargestellt werden. Möchten Sie einen offenen Pfeil nach rechts vor einen Text stellen, verlassen Sie QuarkXPress, indem Sie (Strg) + (Esc) drücken. Die **Task-Liste** erschein. Über dieses Fenster stel-

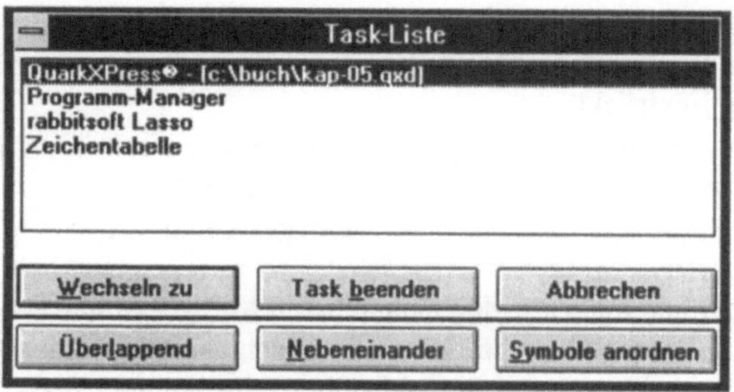

Abb. 5.7: Multi-Tasking unter Windows mit der Task-Liste.

len Sie alle weiteren Programme ein, mit denen Sie gleichzeitig arbeiten möchten.

Aktivieren Sie das *Sonderzeichen-Programm* und rufen Sie die Schrift Zapf Dingbats auf, jetzt klicken Sie den entsprechenden Buchstaben an und kopieren diesen in die Zwischenablage. Wechseln sie zu QuarkXPress zurück. Sie kommen an die selbe Stelle zurück, an der Sie QuarkXPress verlassen haben und können nun in den Text oder vor den Text das Zeichen an der Cursorposition einfügen. Aber erschrecken Sie nicht, wenn ein ganz anderes Zeichen erscheint. Sie müssen jetzt noch den Buchstaben in Zapf Dingbats definieren, da Sie sich im Textfeld einer Times oder Helvetica befinden, wird erst einmal die Times oder Helvetica angezeigt.

Textbearbeitung

Das Arbeiten mit der Maus ermöglicht Ihnen ein schnelles und rationelles Arbeiten. In der nachfolgenden Tabelle sind alle Funktionen beschrieben:

Die Tastenbefehle sind zu den meisten Windows-Programmen kompatibel

Sie müssen ...	um... zu markieren
die Maus ziehen	beliebigen Textabschnitt
zweimal klicken	ein Wort
zweimal klicken und Maus ziehen	mehrere Wörter
dreimal klicken	eine Zeile
dreimal klicken und Maus ziehen	mehrere Zeilen
viermal klicken	einen Absatz
fünfmal klicken	ein Kapitel
Cursor an Markierungsanfang setzen, ⟨⇧⟩ gedrückt halten, Cursor am Markierungs- ende klicken	einen bestimmten Textabschnitt
⟨Strg⟩ + ⟨A⟩	den gesamten Text

Es stehen Ihnen mehrere Möglichkeiten offen, Texte zu schreiben bzw. zu korregieren. Sie können die Löschtaste verwenden oder Text markieren und überschreiben. Sie können Texte markieren und mit dem **Befehl** ⟨Strg⟩ + ⟨X⟩ den Text ausschneiden, wenn er an anderer Stelle wieder eingefügt werden soll. **Einfügen** erledigen Sie mit dem **Befehl** Strg + V.

Ohne Verkettung von Textrahmen ist das Arbeiten mit mehrspaltigen Dokumenten und mehrseitigen Dateien unhandlich. Sie legen vorher fest, welche Seiten miteinander verkettet werden und wohin überlaufender Text hinfließen soll.

Umbrechen Sie eine Zeitung oder Zeitschrift, kann es vorkommen, daß Texte, die in die Aufmacherseiten gestellt werden, zu umfangreich sind. Dann können Sie von Anfang an bestimmen, auf welcher Seite und an welcher Stelle der überlaufende Text plaziert werden soll. Das hat den Vorteil, daß der Redakteur sich fast gar nicht um Kürzungen zu kümmern braucht. Der Artikel behält seine ursprüngliche Länge und der Sinn wird nicht durch Kürzungen verstümmelt.

Bauen Sie das Layout einer Zeitschrift auf, so verketten Sie die Spalten und Seiten manuell. Sie können auch Spalten miteinander verketten, die mehrere Seiten auseinander liegen. Haben Sie sich geirrt, klicken Sie mit dem Entkettungswerkzeug auf das Ende der Kette, oder innerhalb der Kette und die Verkettung verschwindet.

Wollen Sie einen Textrahmen aus der Verkettung herausnehmen, halten Sie die „Umschalttaste" ⇧ fest, klicken Sie mit dem Entkettungswerkzeug auf den Textrahmen, und die Verkettung wird aufgehoben.

Mit dem bloßen Auge ist der Größenunterschied zu erkennen.

Schrifteinstellung über die Versalhöhe

M M M *M* M

48 pt.

Centennial   Helvetica   Times   Zapf Chancery   Utopia

Fünf verschiedene Versal-Buchstaben in fünf gängigen Schriften zeigen bereits bei einem Schriftgrad von 48 Punkt den

Unterschied in der Versalhöhe. Mit der Einbürgerung des Metrischen Maßsystems im Fotosatz sind sehr viele Auftraggeber dazu übergegangen, den Schriftgrad in Versalhöhe festzulegen.

Zusatzprogramme erleichtern das Arbeiten

Ein Beispiel:

Schriftschnitt:	Helvetica Fett
Text:	Versalhöhe: 18 mm

Der Aufwand, die Einstellung manuell vorzunehmen, ist sehr groß. Eine *XTension*, die dieses automatisch durchführt und anschließend die Einstellungen speichert, so daß für die jeweilige Schriftart die Einstellungen erhalten bleiben, ist natürlich sehr viel anwendungsfreundlicher. Für die Windows-Version werden noch keine XTensions angeboten.

Eine Alternative für Sie besteht darin, eine Linie zu ziehen, diese im **Menü Objekt – Mehrfach duplizieren**, die Linie vertikal einmal zu kopieren und dabei das exakte Maß nach unten einzugeben. Die Schriftlinie und die Kopflinie sind die untere und die obere Begrenzung. In diese Linien stellen Sie einen Mustertext und richten die Versalhöhe ein, indem Sie zuerst den Text tippen, die Schriftlinie nachziehen und dann die Linie für die Versalhöhe eingeben.

Mit diesen Schaltern vergrößern oder verkleinern Sie per Klick den ausgewählten Buchstaben

Im Darstellungsmodus 400% werden diese Einstellungen vorgenommen. Sie geben in der Maßpalelette die Schriftgröße vor, und durch Klicken auf das „Schriftgrößendreieck" vergrößern Sie so lange den Versalbuchstaben, bis er an die obere Linie herausragt. Als zusätzliche visuelle Kontrollmöglichkeit können Sie einen Textrahmen aufziehen, der genau die Größe des Buchstabens hat, also 18 mm. Stellen Sie den Rahmen neben den Text, Sie sehen dann sofort, wann die gewünschte Versalhöhe erreicht ist.

Arbeiten mit Texten aus Datenbanken

Die Zusammenarbeit mit Datenbanken umfaßt eine große Anzahl von Dateiformaten. Datenbank-Dateien haben eine typische eigene Art, Datensätze mit Kommata, Semikolon oder Tabulatoren voneinander abzusetzen. Dieses gilt im Prinzip auch für jede Textverarbeitung, denn die Entwickler der Textverarbeitungen programmieren in ihrem eigenen Dateiformat. Um die fremden Texte aus Textverarbeitungen zu übernehmen, liefert QuarkXPress Filter mit, die das Konvertieren von Textverarbeitungs-Dateien sehr einfach werden läßt. Bei der Zusammenarbeit mit Datenbank-Dateien empfiehlt es sich ebenfalls, vorhandene Filter zu benutzen. Für QuarkXPress gibt es zahlreiche XTensions, für die Kommunikation mit Datenbanken empfiehlt sich „Xdata", das für zahlreiche Datenbanken und Tabellenkalkulationen Filter anbietet.

XTensions werden bald auch für QuarkXPress für Windows angeboten

Bei umfangreichen Dokumenten möchte man die vorhandenen Texte, Tabellen, Adressen übernehmen, ohne sie nocheinmal zu erfassen. Großrechner-Anlagen verfügen oftmals über keine Textverarbeitung, wie man sie von Personal-Computern her gewohnt ist. Deshalb werden diese Dateien meistens als ASCII-Dateien geliefert, d.h., es sind Texte ohne Auszeichnungen in halbfett, kursiv oder anderen Formaten. Die „Text-Schreib-Module" stellen in vielen Fällen an jedes Zeilenenden ein festes RETURN (¶), was bedeutet, daß jede Zeile ein Absatz ist. Ein sofortiger Umbruch ist unmöglich.

XPress-Marken formatieren ASCII-Texte

Das selbe gilt für den Fall, daß keine deutschen Umlaute und das ß richtig übersetzt werden. Bei der Datenübernahme von Fremdtexten lohnt es sich manchmal einen Umweg zu gehen. Nicht immer gelingt es, mit einem zusätzlichen Hilfsprogramm Fremddateien zu konvertieren. Einige Beispiele und Tips sollen Ihnen aufzeigen, mit welchen Schritten die besten Ergebnisse erzielt werden können.

Reden Sie vorher mit dem „Textlieferanten", wenn Sie nicht genau wissen, mit welchem Computer und mit welcher Textverarbeitung geschrieben wurde. Arbeiten Sie mit Großrechner-Anlagen zusammen, vereinbaren Sie, daß eine *ASCII-Datei* geliefert wird. Handelt es sich dabei um einen umfangreichen Datenbestand, versuchen Sie die Texte vorher zu analysieren. Es können eventuell Formatierungen vorkommen, die Sie für den Umbruch verwenden können. Stehen diese Formatierungs-Befehle in spitzen Klammern, z.B. <b> für bold = fett, dann sollten Sie dafür sorgen, daß diese erhalten bleiben, denn Quark-XPress kann diese Befehle übersetzen.

Suchen und Wechseln spezieller Satzzeichen

Mit den Möglichkeiten, die QuarkXPress mit der Funktion **Suchen & Ersetzen** [Strg] + [F] bietet, erhalten Sie eine leistungsfähige Konvertiermöglichkeit, ohne andere Programme dazu einsetzen zu müssen. Es handelt sich um die Möglichkeit nach den Sonderzeichen [Strg] + [I] zu suchen und diese gegen ein anderes zu tauschen.

In der Dialogbox **Suchen & Ersetzen** können Sie die Zeichen, die Sie suchen und ersetzen wollen, eingeben, indem Sie die [Strg]-Tasten drücken und das normale Zeichen tippen, das Sie beim Schreiben verwenden würden, z.B. RETURN für ¶.

Sonderzeichen	Suchen/Finden-Eingabe	Darstellung in der Dialogbox
Wortzwischenraum	Wortzwischenraum	
Tabulator	[Strg]-[⇆]	\t
Neuer Absatz	[Strg]-[↵]	\p
Neue Zeile	[Strg]-[⇧]-[↵]	\n
Neue Spalte	[Strg]-[↵]	\c
Neuer Rahmen	[Strg]-[⇧]-[↵]	\b
Jokerzeichen	[Strg]-?	\?

Das Wortzwischenraum-Zeichen wird in der Suchen & Ersetzen-Dialogbox nicht angezeigt, wenn Sie danach suchen, achten Sie auf eine korrekte Eingabe. Wenn Sie nach einem Text suchen, klicken Sie das Feld **b als Wort** an. Sie brauchen keine Wortzwischenräume tippen, QuarkXPress erkennt bei der Suche Wortzwischenräume und Interpunktionen.

Das Ausmerzen unerwünschter fester RETURNS am Zeilenende

Ein Beispieltext wurde mit der integrierten Textverarbeitung von *OpenAccess,* auf einem DOS-Rechner erfaßt. Bei dieser Textverarbeitung werden an jedes Zeilenende feste ¶ gestellt. Ein sofortiges Weiterverarbeiten mit einem Layout-Programm ist unmöglich. Benutzen Sie eine *Mailbox,* speichern Sie Text aus einer *BTX-Datei* oder aus einer *Datenbank,* werden die Texte fast immer so übertragen, wie es in dem unten abgebildeten Beispiel dargestellt ist.

<table>
<tr><td>

Vorwort¶

Kaum ein Thema hat in den letzten Jahren die Phantasie ¶
mehr befl gelt und die ngste im Arbeitsleben mehr gesch rt,¶
 als die Prognosen zur Telearbeit, insbesondere zur¶
Teleheimarbeit. Obwohl sich die betriebliche und berbe¶
triebliche Realit„t immer n chterner darstellte, war es¶
gut, daá manche Probleme und Zukunftsprojektionen¶
zugespitzt diskutiert wurden. Es ist n„mlich keine Frage ,¶
daá die Potentiale "rtlich und funktional zu verlagernder¶
T„tigkeiten beziehungsweise von ganzen¶
Arbeitsbereichen in allen Wirtschaftsbranchen riesig¶
sind. Keine Frage ist es auch, daá sich die Unternehmen,¶
vor allem die innovativsten, durch die Dezentralisierung¶
und Flexibilisierung ihrer Angestelltent„tigkeiten mit¶
Hilfe neuer Informations- und Kommunikationstechnolo¶
gien (IuK-Technologien) groáe unternehmensstrategische¶

</td></tr>
</table>

7 x müssen Sie Suchen & Tauschen, wenn die deutschen Umlaute und das ß fehlen.

Machen Sie einen Umweg über Word für Windows, wenn z.B. WordStar-Dateien geliefert werden. Erst in Word umwandeln, dann in QuarkXPress importieren.

Bei der Kommunikation mit einer Datenbank können mit einem normalen Monitor maximal 80 Zeichen in einer Zeile am Bildschirm dargestellt werden. Dann sorgt das ¶ dafür, daß der Text am Bildschirm in der nächsten Zeile weiterläuft. Um nun die unerwünschten festen ¶ zu entfernen, müssen Sie die fünf folgenden Schritte durchführen:

1. Suchen Sie nach zwei ¶, die am Absatzende erscheinen.
2. Wandeln Sie diese gegen ein Zeichen ein, das nicht in Ihrem Text vorkommt, z.B. ##.

3. Ändern Sie die einfachen ¶ in einen Wortzwischenraum um.

4. Achten Sie darauf, daß Sie keine redundanten Wortzwischenräume erzeugen, denn diese müssen Sie anschließend in einfache Wortzwischenräume umwandeln.

5. Die beiden Zeichen ## können jetzt in ein ¶ geändert werden, der Text kann jetzt umbrochen werden.

Die Arbeit mit Datenbanken wird immer aktueller.

Sie erhalten eine DOS-Datei, in der die Umlaute und das „ß" anders/falsch dargestellt werden. QuarkXPress bietet Ihnen in sieben Schritten Suchen & Ersetzen die Möglichkeit, relativ schnell die Umlaute in die richtigen Zeichen umzuwandeln. Bestimmt wird es immer wieder vorkommen, daß Kunden Dateien liefern, die mit Textverarbeitungs-Programmen erfaßt wurden, zu denen die Filter fehlen. Es werden nicht die einzigen Zeichen oder Zeichenfolgen sein, die Sie für einen exakten typografischen Satz umwandeln müssen. Die deutschen Anführungszeichen (Gänsefüßchen), die richtigen Gedankenstriche, Spiegelstriche usw. gehören zu den Zeichen, die von den meisten Texterfassern falsch gesetzt werden. Mit der Funktion **Suchen & Ersetzen** ist es für Sie kein Problem, diese falschen Zeichen in die richtigen Zeichen umzuwandeln. Es müssen jedoch eindeutige Zeichen sein, deshalb sollten Sie den importierten Text in der Schrift bearbeiten, in der sie später belichtet wird.

Führen Sie diese Arbeiten nicht in einer Systemschrift durch. Es kann vorkommen, daß Sie am Bildschirm nicht alle Zeichen dargestellt bekommen. Bei der Times oder Palatino – einer Fotosatzschrift – zeigt Ihnen das Programm die falschen Umlaute und das ß mit entsprechenden eindeutigen anderen Zeichen an. Sie können diese Zeichen kopieren, in der Dialogbox einfügen und nach den richtigen Umlauten suchen lassen. Das Programm erledigt diesen Arbeitsschritt für Sie sehr schnell.

Veranlassen Sie, daß Texte so erfaßt werden, daß möglichst keine unnützen Konvertierungen anfallen. Sollen beim Erfassen Einzüge am Absatzanfang berücksichtigt werden, so muß beim Erfassen ein ⇥ getippt werden, damit beim Umbruch automatisch ein Einzug entsteht. Drei Wortzwischenräume zu tippen, ist absolut falsch!

Die richtige Zusammenarbeit zwischen Textverarbeitung und QuarkXPress

WordPerfect und *AmiPro* sind mittlerweile weitverbreitete und leistungsfähige Textverarbeitungsprogramme, die Windows orientiert sind. XyWriter mit dem Zusatz **.xy3** kennen Sie unter dem Namen *EuroScript*. Alles sehr leistungsfähige Textverarbeitungsprogramme, zu denen QuarkXPress einen Filter zur Verfügung stellt.

Beim Import von Textdateien können Sie das Feld **Einschließlich Stilvorlagen** anklicken. Mit dieser Option sollten Sie die Möglichkeiten des entsprechenden Textverarbeitungsprogramms ausschöpfen. Auszeichnungen gleich welcher Art sollten beim Erfassen im Textverarbeitungsprogramm vorgenommen werden. Denn dann ist es im Layoutprogramm nicht notwendig diese Arbeit nochmals durchführen zu müssen.

Die richtige vorherige Absprache erspart unnötige Arbeit.

Beauftragen Sie einen Autor oder ein Schreibbüro, geben Sie ihnen *Gestaltungs-Richtlinien* an die Hand. Das hat mehrere Nutzen zur Folge. Zum einen spart der Setzer oder der Verlag unnütze Arbeit, zum anderen verhindern Sie, daß der Autor von sich aus Auszeichnungen vornimmt. Warum, in den meisten Fällen möchten Autoren ohne Erfahrung alle Funktionen eines Textverarbeitungsprogrammes auskosten. Die Folge ist ein typografischer Wildwuchs.

Eine Zeitschrift, eine Buchreihe aber auch ein Einzeltitel hat seine Gesetzmäßigkeiten, überlassen Sie die Auszeichnungen einem Autor, der nicht vorher informiert wurde, kann es zu eheblicher Mehrarbeit führen. Richten Sie für Ihre typografischen Arbeiten einen Standard ein. Ein andauernder Wechsel des Layouts bei einer Haus-Zeitschrift oder bei einer Buchreihe beweist lediglich Unprofessionalität.

Gute Erfassungsrichtlinien rationalisieren die Arbeit im positiven Sinne

Bei einem Roman wird ein Verlag sehrwahrscheinlich keine umfangreichen Schreib-Richtlinien vorgeben. Jedoch bei einem Werk, bei dem Tabellen vorkommen, Grafiken eingesetzt wereden sollen, ist eine vorherige Absprache mit dem Autor zwingend notwendig. Zum Beispiel, der Autor erstellt zu Tabellen Diagramme, die die Tabelle besser erklären sollen; schon können hier Probleme entstehen.

Wenn der Autor die Tabellen und Grafiken in einem Programm erstellt hat, das nicht postscript-orientiert ist, so werden die Grafiken und die Schriften für einen Nadeldrucker aufbereitet. Die Ausdrucke der Vorlagen über einen Nadeldrucker sind in den meisten Fällen nicht professionell und damit nicht reproduktionsfähig. Eine Notlösung für den Verlag und den Setzer besteht darin, wenn der Autor von seinem exotischem Programm eine ASCII-Datei der Tabellen erstellen kann. Denn dann können Sie die ASCII-Datei in ein Windows-orientietes Kalkulationsprogramm importieren und damit eine neue Grafik erstellen.

Es sind immer wieder Umwege, die oftmals zu einem akzeptablem Ergebnis führen, dies bedeutet aber, Sie sind als Anwender gezwungen, sich über alle Ewentualitäten zu informieren. Bei der Vielzahl der angebotenen Programme stößt dieser Rat sehr schnell an seine Grenzen. In einem Industie-Unternehmen werden oftmals von einer zentralen Einkaufsabteilung EDV-Programme bestellt, die aber nicht unbedingt den Anforderungen für Satzarbeiten gerecht werden.

Lassen Sie das Manuskript bereits vom Autor korregieren. Die moderneren Textverarbeitungsprogramme verfügen in den meisten Fällen über ein leistungsfähiges Rechtschreibprüfungs-Modul. Wurde das Manuskript vom Autor auf Rechtschreibfehler geprüft, entfällt ein erheblicher Korrekturaufwand.

Liefert ein Schreibbüro oder ein Autor zum Manuskript eine Datei, die von QuarkXPress umbrochen werden soll, veranlassen Sie, daß der Text linksbündig und nicht getrennt erfaßt wird. Der Grund ist, manche Textverarbeitungsprogramme erzeugen beim Trennen keine *weiche Trennung*, sondern eine *harte Trennung*. Das Layout in QuarkXPress und die endgültige Schrift und die Trenneinstellungen im Layout-Programm bestimmen den Zeilenfall und die Trennhäufigkeit. Diese Einstellungen können nur im Layoutprogramm professionell eingestellt werden.

Korrektur und Trennverhalten mit einem Zuzsatzprogramm durchführen

Die normalen Textverarbeitungsprogramme besitzen meistens ein ziemlich kleines Lexikon für die Rechtschreibprüfung. Eine Alternative wäre ein zusätzliches Programm, wie z. B. *Carlos,* das serienmäßig bereits ein Wörterbuch mit fünfhunderttausend Eintragungen mitliefert. Diese Eintragungen sind bereits mit weichen Trennungen versehen. Die Trennungen entsprechen dem *DUDEN.* Lassen Sie Ihre Textdatei von Carlos prüfen, wird der Text auf Schreibfehler geprüft. Gleichzeitig können Sie der Textdatei die weichen Trennungen zuweisen. Fließt dann der Text in das QuarkXPress-Layout, werden die weichen Trennungen berücksichtigt, der Erfolg ist ein besseres Trennergebnis.

Diese Methode hat allerdings auch eine Schattenseite. Wenn Sie durch *Carlos* oder durch eine XTension für QuarkXPress einer Textdatei bei jeder Silbe eine weiche Trennung zuweisen, erweitern Sie das Volumen der Textdatei erheblich. Fast nach jedem dritten Buchstaben wird in der deutschen Sprache eine weiche Trennung eingefügt, die u.U. aus zwei ASCII-Zeichen besteht. Sehr schnell kann dann die Textdatei das doppelte Volumen annehmen.

Sie müssen für Ihre Arbeit die beste Methode ausprobieren, immer mit der Zielsetzung, so rationell wie möglich Text und Layout zu bearbeiten. Für QuarkXPress unter Windows werden auch schon zahlreiche XTensions angeboten. Im Anhang finden Sie eine Aufstellung der derzeit wichtigsten XTensions. Prüfen Sie jedoch zuerst die Tauglichkeit.

Fragen Sie den Anbieter nach einem Käufer, bei dem Sie Erkundigungen einholen können. Denn die XTensions erhalten Sie nur kopiergeschützt zu Ihrer QuarkXPress-Registrierungsnummer, das hat zur Folge, Sie können eine Vollversion nicht testen. Die Demos sind derzeit noch unvollkommen und für eine Kaufentscheidung nicht geeignet.

Setzen mit XPress-Marken

Wenn Sie mit einem Schreibbüro zusammenarbeiten oder Texte erfassen lassen von einem Unternehmen, daß eine Großrechneranlage besitzt, die lediglich einen ASCII-Editor besitzt, sollten Sie vorher vereinbaren, daß für die Auszeichnungen XPress-Marken verwandt werden.

Für Fotosetzer ist diese Methode etwas Selbverständliches, denn in den traditionellen Fotosatzprogrammen werden die Befehle für Formatierungen und sonstige Ausführungen genau so wie bei den XPress-Marken eingegeben. Die Befehle stehen in spitzen Klammern vor dem jeweiligen Zeichen oder Absatz und bewirken, daß beim Importieren der fremd erfaßten Datei, die Zeichen so umgewandelt werden, als seien sie mit QuarkXPress erfaßt.

Hat diese Methode überhaupt noch einen Sinn, muß man sich fragen? Was sind die Motive, die sich hinter dieser Methode verbergen? Bei umfangreichen Texten lohnt sich die Absprache mit einem Dritten, wenn dieser den Text erfaßt.

Texte erfassen mit XPressMarken

Beim Erfassen werden die „Satzbefehle" mitgetippt, z. B. **<P>** für Standard. Formatierungen, wie sie das Programm normalerweise auch verwendet, aber auch *innerhalb eines Absatzes* werden einzelne **<I>***Wörter* oder Buchstaben mit den entsprechenden Befehlen versehen. Das hat zur Folge, daß die Absätze nicht mehr mit einer Stilvorlage formatiert werden müssen.

Diese sogenannten Satzbefehle heißen in QuarkXPress **XPressMarken**. Die XPress-Marken werden beim Importieren von Text übersetzt. Der XPress-Marken-Filter muß im selben Ordner stehen, in dem sich das Programm befindet.

XPress-Marken ermöglichen es, Zeichenattribute und Absatzformate in ASCII-Textdateien anzugeben. Um spezielle Zeichen und Absatzformate im Text zu verwenden, bedarf es spezieller Steuerzeichen. Diese Steuerzeichen sind:

Standard	<P>	Fett	<B>
Kursiv	<I>	Konturiert	<O>
Schattiert	<S>	Unterstrichen	<U>
Wort unterstrichen	<W>	Durchgestrichen	</>
Versalien	<K>	Kapitälchen	<H>
Hochgestellt	<+>	Tiefgestellt	<->
Index	<V>	Stilvorlage anwenden	<$>

Eine Stilvorlage bezieht sich immer auf einen ganzen Absatz. Wird ein Absatz in Kursiv formatiert, müssen aber auch noch einige Zeichen innerhalb des Absatzes in Halbfett dargestellt werden, so müssen Sie zunächst den Absatz markieren. Anschließend weisen Sie dem Absatz **Kein Stil** zu, damit Sie die wenigen aber wichtigen Buchstaben jetzt manuell in **<B> halbfett** umwandeln können. Ein recht umständlicher Prozeß. Diese vielen Schritte lassen sich vermeiden, wenn beim Erfassen auch innerhalb eines Absatzes bereits die notwendigen Auszeichnungen vorgenommen werden. Beim Importieren werden alle *XPress-Marken* automatisch übersetzt, so daß ein *nachträgliches Formatieren* nicht mehr notwendig ist.

Wenn Sie ein Wort mit dem Befehl **<B> auszeichnen<B>**, wird es in Halbfett gedruckt, tippen Sie nach dem Wort nochmals den selben Befehl, wird der nachfolgende Text wieder normal gesetzt. Es werden also die Schrift-Attribute ein- und ausgeschaltet.

Rationelles Erfassen mit XPress-Marken

Im QuarkXPress-Handbuch wird die Arbeitsweise umfassend beschrieben. Dieses soll hier nicht wiederholt werden. Im Anwenderhandbuch finden Sie in einem sehr guten Beispiel die Leistungsfähigkeit der XPress-Marken vorgeführt.

Wollen Sie die XPress-Marken verwenden und soll das Texter-fassungs-Büro nach Ihren Vorstellungen die XPress-Marken einsetzen, legen Sie eine Liste an, aus der alle Auszeich-nungsmöglichkeiten hervorgehen. Sie liefern die Befehle als ASCII-Datei, die von dem Erfassungs-Büro übernommen und in deren Textverarbeitungs-Programm werden die XPress-Marken als *Textbausteine* abgelegt, so daß sie während des Er-fassens nicht immer wieder neu getippt werden müssen. Bei dieser Methode ist gleichzeitig gewährleistet, daß beim Erfas-sen Tippfehler vermieden werden. Werden die Befehle als Textbausteine abgelegt, sorgen sie für die richtigen Auszeich-nungen.

Importieren von XPress-Marken

Importieren Sie einen ASCII-Text, der mit XPress-Marken erfaßt wurde, müssen Sie das Feld **Einschließlich Stilvorlagen** anklicken und es muß die Datei **xtags.xxt** im selben Ordner stehen, in dem sich das Programm **XPRESS.EXE** befindet.

Filter für Textimporte unter Windows 3.1

Für den Textimport werden folgende Filter mitgeliefert: ASCII (*.TXT), Rich Text Format (*.RTF), Word Perfect (*.WP), XPressTags (*.XTG), Microsoft Write (*.WRI), Word for Windows 1.x (*.DOC), Word for Windows 2.x (*.DOC).

Sollten Sie Dateien erhalten, die aus einem anderen, hier nicht aufgeführten Programm stammen, machen Sie den Umweg über die Textverarbeitung Word for Windows 2.0. In diesem Programm sind noch mehr Filter für den Textimport verfügbar. Rufen Sie die gelieferte WordStar-Datei mit Word for Windows auf. Vergeben Sie ggf. der Datei einen neuen Dateinamen. Diese Datei kann beliebige Formatierungen aufweisen, die erhalten bleiben. Speichern Sie die Datei im RTF-Format ab.

Das RTF-Format ist ein spezielles Konvertierungs-Format, bei dem die Auszeichnungen ähnlich wie bei den XPress-Marken in spitze Klammern gestellt werden. QuarkXPress hat den notwendigen RTF-Filter, so daß beim Importieren alle Formate erhalten bleiben und vor allem sichergestellt ist, daß Sonderzeichen und Umlaute richtig interpretiert werden.

Stehsatz aus Fotosatzprogrammen in QuarkXPress

Aufgrund der großen Verbreitung von QuarkXPress und dem gleichzeitigen Einsatz in vielen Setzereien sowohl von traditionellen Fotosatzgeräten als auch von DTP-Systemen, ist es heute möglich, Stehsatz aus Fotosatz-Programmen in das QuarkXPress-Format zu konvertieren.

Das spezielle Programm wird von einem Drittanbieter vertrieben. Bei Übernahme von großen Datenmengen rechnet es sich sehr schnell, einen dafür besonders geeigneten Konverter einzusetzen, der per Übersetzungstabelle allen Anforderungen gerecht wird.

Zeichenformatierung

Wie immer bietet QuarkXPress zwei Möglichkeiten an, Arbeits-
schritte durchzuführen. Wollen Sie Zeichen formatieren, verwenden Sie die Maßpalette oder das **Menü Stil**. Desweiteren
besteht die Möglichkeit, über Dialogfenster die Einstellungen
vorzunehmen. Mit dem **Befehl:** Strg + ⇧ + D rufen Sie das
Dialogfenster zur Auszeichnung der Schrift auf.

ATM-Schriften verwenden, wenn das Dokument belichtet werden soll.

Nur die geladenen Schriften werden Ihnen im Schriften-Roll-
fenster oder in der Maßpalette angezeigt. Mit Windows 3.1 erhalten Sie zwei Möglichkeiten der Schriftenverwaltung:
einmal die eingebaute *TrueType-Schriftenverwaltung* und
zum anderen die Möglichkeit mit dem *AdobeTypeManger
PostScript-Schriften Type 1* zu verwalten und am Bildschirm
darzustellen.

Windows 3.1 erlaubt Ihnen 256 Schriften zu installieren, jedoch
wird das Arbeiten sehr schnell sehr unübersichtlich. Werden
Ihre Dokumente belichtet, sollten Sie einen PostScript-Laserdrucker verwenden, da die Belichter die Dateien in der
PostScript-Seitenbeschreibungssprache belichten.

Zuviele Schriften verlangsamen das Tempo.

Wichtige Hinweise zum Belichten erhalten Sie im Kapitel
Drucken von Dokumenten. Verwenden Sie in Ihren Dokumenten wenige Schriften. Setzen Sie Schriften ein, die
zueinander passen.

In der **Maßpalette** werden Ihnen alle Optionen angeboten, um
die Schriftart, die Schriftgröße, den *Schriftstil* zu bestimmen.
Wenn Sie die Schriftgröße bestimmen wollen, können Sie dies

Abb. 6.1:　Die Maßpalette benötigen Sie, wenn Sie Schrift innerhalb ei-
　　　　　nes Absatzes formatieren wollen, der mit einer Druckformat-
　　　　　Vorlage formatiert worden ist. Selbverständlich müssen Sie
　　　　　vorher den Absatz markieren und mit „kein Stil"anklicken, denn
　　　　　sonst können Sie innerhalb dieses Absatzes keine weiteren
　　　　　Schrift-Attribute vergeben.

Tastatur-Kürzel und die Symbole der Maßpalette sind kompatibel

in 0,001-Punkt-Schritten durchführen. Den Schriftstil können Sie ebenfalls über die Maßpalette bestimmen oder das entsprechende Dialogfenster aufrufen. Markieren Sie Text und weisen der Schrift die gewünschten Schrift-Attribute zu, indem Sie mit der **Taste** [Strg] + [⇧] + dem entsprechenden Buchstaben aus der Maßpalette die Auszeichnung definieren.

Standard zeigt das normale Schriftbild an. Im amerikanischen heißt der Fachausdruck **Plain**. Aus diesem Grunde wird in QuarkXPress diese Bezeichnung verwendet.

B steht für **Bold**. In der Setzersprache versteht man eher halbfett darunter. Beachten Sie, daß die Schriftanbieter die Schriftschnitte einzeln anbieten, daß heißt, Sie erhalten eine halbfette und eine kursive Schrift separat, es werden die normalen Schriftschnitte nicht per Programm modifiziert. Haben Sie einzelne Schriftschnitte von der Times, so sollten Sie die kursive Schrift gesondert aufrufen, damit der Original-Kursiv-Schriftschnitt ausgewählt wird (In der Maßpalette = **B**).

Kursiv steht für **Italic** oder *Oblique* (In der Maßpalette = *I*).

Konturiert modifiziert aus einem normalen oder fetten Buchstaben eine **offene Schrift** (In der Maßpalette = ◎).

Schattiert modifiziert einen **Schatten hinter die Schrift**, verwenden Sie diese Option nur bei „Karnevalseinladungen" (In der Maßpalette = **S**).

Durchgestrichen wandelt die Schrift in **durchgestrichenen Text** um. Bei Blindsatz kann man diese Option gut einsetzen, der Text wird unverwechselbar (In der Maßpalette = **Q**).

Unterstreichen, wählen Sie diese Einstellung wird der gesamte markierte Text und die Wortzwischenräume mit unterstrichen. (In der Maßpalette = **U**).

Wort unterstrichen bedeutet, daß nur einzelne Wörter unterstrichen werden, die Wortzwischenräume bleiben frei (In der Maßpalette = **W**).

KAPITÄLCHEN werden bei Hervorhebungen verwendet, wenn es sich um wenige einzelne Worte handelt. Bei Kapitälchen werden alle Buchstaben groß geschrieben, nach dem Anfangsbuchstaben stehen alle folgenden auf Höhe der Mittellänge der jeweiligen Schrift. Sie können im **Menü Bearbeiten, Vorgaben, Typografie** die Größe der Kapitälchen definieren (In der Maßpalette = ein Kapitälchen ᴋ).

VERSALIEN ist der Fachausdruck für Großbuchstaben (In der Maßpalette = das große **K**).

Hochgestellt bewirkt, daß die Schrift für das Schreiben einer Formel verwendet werden kann, zum Beispiel: m^3. Die hochgestellte Schrift sollte jedoch zwei Grad kleiner sein als die Grundschrift. Die Einstellungen dazu lassen sich ebenfalls im **Menü Bearbeiten, Vorgaben, Typografie** einstellen (In der Maßpalette = ^{2}).

Bei **Tiefgestellt** gilt hier das selbe wie bei Hochgestellt. Ein Beispiel: H$_2$O (In der Maßpalette = $_2$).

Hochgestellt bewirkt hier, daß der markierte Buchstabe automatisch kleiner gesetzt wird und innerhalb der Schriftgröße und des Durchschusses plaziert wird, ohne dabei in die darüberliegende Zeile hineinzuragen. Mit dieser Option lassen sich in QuarkXPress Fußnotenziffern setzen. Allerdings sollte der Schriftgrad zwei Grad größer sein als die Grundschrift, da sonst die Ziffer zu klein ausfällt (In der Maßpalette = ^{2}).

In dem Dialogfenster **Typografie**, wie schon oben beschrieben, können Sie noch weitere Einstellungen vornehmen, wie zum Beispiel der Schrift eine Farbe zuweisen, die Schrift aufrastern, die Schriftbreite bis zu 400% vergrößern, so daß Sie eine extra-breit-laufende-fette Helvetica erhalten, die Schriftbreite verringern und eine schmale Schrift entwickeln, die Schrift unterschneiden und einen Grundlinienversatz einstellen.

Sie haben sechs Möglichkeiten, eine Schrift zu modifizieren.

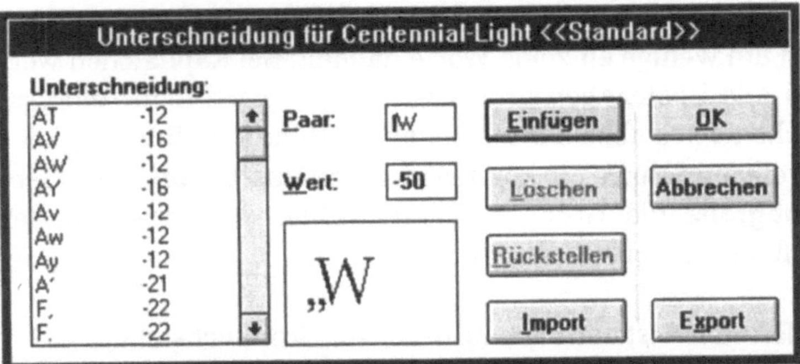

Abb. 6.2:   Jede Schrift kann nachträglich nach den individuellen Belangen bearbeitet werden.

Unterschneidungs- und Spationierungsmöglichkeiten

In QuarkXPress besteht für Sie die individuelle Möglichkeit, jede geladene Schrift zu unterschneiden. Die meisten Schriften werden bereits so geliefert, daß kritische Buchstabenpaare bereits unterschnitten sind. Zum Beispiel: Te, Va, Wa usw.. Es gibt jedoch Buchstabenpaare, bei denen ein nachträgliches Bearbeiten notwendig sein kannn, zum Beispiel: „W, „V, „T. Im **Menu Hilfsmittel** ermöglicht Ihnen QuarkXPress, die Schriften zu bearbeiten. Sie können jedes voreingestellte Buchstabenpaar bearbeiten aber auch neue Buchstabenpaare bearbeiten. Sollten Sie das tun, kennzeichnen Sie die modifizierte Schrift mit einem Sternchen, damit Sie erkennen, wann Sie die normale und wann Sie die modifizierte Schrift verwenden.

Der Grundlinienversatz

Im **Dialogfenster Typografie** (Alt) + (S)+(G) können Sie einen punktweisen Grundlinienversatz einstellen. Die selbe Einstellung gelingt auch über das **Menü Stil, Grundlinienversatz**. Ein Fenster öffnet sich, in dem Sie die Einstellung vornehmen können. Geben Sie 6 Punkt ein, rückt der markierte Text um 6 Punkte nach oben, geben Sie -6 Punkt ein, rückt der Text um 6 Punkt nach unten.

Setzen Sie ein Dokument mit registerhaltigem Text, so können Zwischenüberschriften durch den Grundlinienversatz – auch

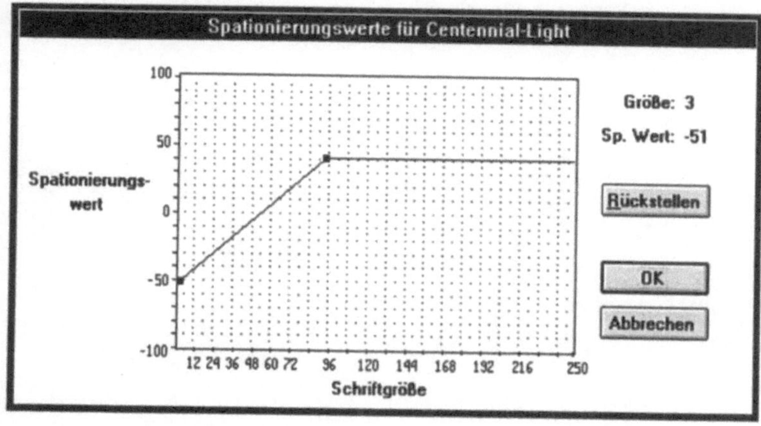

Abb. 6.3: Verwenden Sie diese Einstellmöglichkeit nur mit Bedacht, speichern Sie zu dem Auftrag alle Informationen ab, verwahren Sie diese in der Auftragsmappe für eine spätere Nachauflage.

wenn sie größer sind als die Grundschrift – registerhaltig plaziert werden. Der Grundlinienversatz erlaubt es, mit einem DTP-Programm die selben Ergebnisse zu erzielen, wie mit einem traditionellem Fotosatzprogramm. Mit den QuarkXPress eigenen Werkzeugen sind Sie in der Lage, Mikro-Typografie zu praktizieren, wie es bis vor kurzem mit keinem anderen DTP-Programm so leicht möglich war. Mit den anderen DTP-Programmen ist dies bedeutend umständlicher.

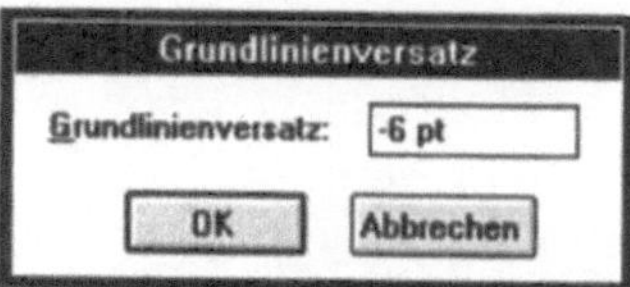

Abb. 6.4:
Probieren Sie am Anfang die Möglichkeiten des Grundlinienversatzes aus, und lernen Sie die Möglichkeiten dieser Schriftformatierung kennen.

Absatzformatierung

Neben der Zeichenformatierung müssen Sie sich mit der Absatzformatierung vertraut machen; denn nur das Beherrschen aller Werkzeuge und Einstellungen über die Menüs, erlaubt es Ihnen, effizient mit QuarkXPress zu arbeiten. Sicherlich werden Sie immer wieder feststellen, daß ein paar Einstellungen redundant (doppelt) vorkommen. Das ist eine Stärke von QuarkXPress, denn bei der Vielfalt der Gestaltungsmöglichkeiten einer Druckschrift ist gerade die Doppelfunktion, wie zum Beispiel die Maßpalette und die Dialogfenster, die beste Kombination, wenn es um rationelles Arbeiten geht.

Jede Einstellmöglichkeit ist zweimal vorhanden.

Das Dialogfenster Formate

Wie Sie bereits gesehen haben, können Sie Absätze mit mehreren Möglichkeiten formatieren, die beste ist jedoch immer die kürzeste. Abbildung 7.1 zeigt ein umfangreiches Dialogfenster,

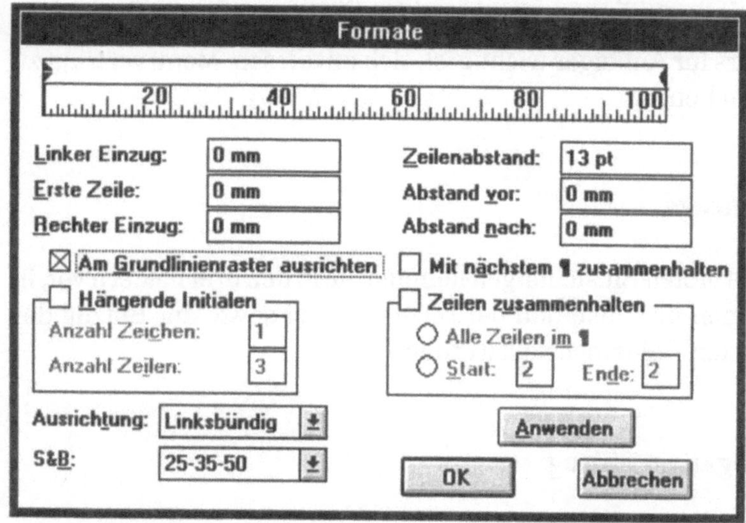

Abb. 7.1:   In diesem Dialogfenster werden die „hängenden Tabulatoren" eingestellt, der sogenannte „negative Einzug". Im Gegensatz zum Macintosh ist das Textrahmen-Lineal innerhalb des Dialogfensters, beim Macintosh wird es über dem aktuellen Textrahmen eingeblendet.

daß eine große Anzahl an Einstellmöglichkeiten beinhaltet. Sie sollten vorher testen, wie sich die Funktionen **Am Grundlinienraster ausrichten** und die Funktion: **Mit nächstem ¶ zusammenhalten, Hängende Initialien, Zeilen zusammenhalten** auf Ihren Umbruch auswirken. Manche Funktionen des Programms sollten Sie testen, damit Sie kennenlernen, wie sie sich auf Ihren Umbruch auswirken.

Es ist oftmals rationeller, die Einstellungen über die Menüs vorzunehmen, wenn **Programm-Einstellungen** den gewollten Effekt nicht ermöglichen. Im nächsten Abschnitt wird die Arbeitsweise mit den **Stilvorlagen** beschrieben, hier gilt das selbe; denn nur durch eine vorherige exakte Gliederung und Planung können Sie ein Werk umbrechen und dazu noch attraktiv gestalten. Sie haben mittlerweile gelernt, Stilvorlagen beziehen sich immer nur auf Absätze und nicht auf Zeichen oder Wörter.

Das Formate-Dialogfenster

Das oben genannte Fenster gehört zu den wichtigsten in jedem Layout-Programm. Die Einstellungen, die hier vorgenommen werden, sind so bedeutend für schnelles Arbeiten, daß es besonders für Anfänger wichtig ist, sich mit diesem Menü vertraut zu machen.

Einzüge

Die Tabulator-Taste ist zuständig für Einzüge. Die ersten Einstellungen nehmen Sie in den drei Feldern vor, in denen der linke und der rechte Einzug sowie der Einzug der ersten Zeile eingestellt werden.

Negativer Einzug

Mit diesen drei Fenstern, stellen Sie auch einen **hängenden Einzug** ein, dank der neuen amerikanischen Fachsprache bedeutet dies, Sie müssen hier einen „**negativen Einzug**" einstellen, was heißt, die erste Zeile um minus „-" den selben Wert einrücken, wie darüber.

Setzen Sie einen Text innerhalb eines Rahmens, der die Schrift umfließt, müssen Sie auch einen rechten Einzug definieren, denn sonst würde der Text den Rahmen berühren.

Zeilenabstand

In diesem Dialogfenster stellen Sie den Zeilenabstand ein. In den Voreinstellungen haben Sie den automatischen Zeilenabstand in Prozentwerten voreingestellt. Der vom Programm voreingestellte Wert **automatisch** beträgt zur Schriftgröße zuzüglich 20% Durchschuß. Setzen Sie ein Werk mit einer Schrift 10/13 pt. Centennial, stellen Sie hier den absoluten Zeilenabstand für die Grundschrift und das Zeilenraster ein, denn wenn die Grundschrift 13 Point Zeilenabstand haben soll, dann müssen hier *und* in den *Voreinstellungen* die Werte übereinstimmen.

Setzen Sie ein Werk, bei dem die Abstände zwischen den Absätzen kleiner als eine Zeilenschaltung ist, müssen Sie den Abstand vor und nach einem Absatz mit kleineren Werten definieren. Diese Möglichkeit bieten Ihnen die beiden nachfolgenden Felder. Sie können unterschiedliche Werte eingeben für den Abstand vor und nach einem Absatz.

Hängende Initialen

Im Dialogfenster Formate ist es möglich, **Hängende Initialen** einzustellen. Klicken Sie in das Auswahlkästchen, um zu bestimmen, wie die Initiale definiert werden sollen. Testen Sie das Alphabeth durch, wenn Sie in einer Zeitschrift oder einem Buch Initialen verwenden wollen. Sie können die Initialen als Muster in die Quark-XPress-Bibliothek ablegen. Legen Sie für spezielle Aufträge gesonderte Bibliotheken an.

B*eispiel für ein Initial, das in einer Stilvorlage automatisch einem Absatz zugewiesen werden kann. Soll das Initial in einer anderen Schrift dargestellt werden, muß das Initial manuell in die andere Schrift geändert werden.*

Abb. 7.2:
Initialen finden häufig bei Zeitschriftensatz Verwendung.

Hurenkinder- und Schusterjungen-Regelung

Mit diesen beiden Buttons bietet QuarkXPress die Möglichkeit an, Hurenkinder und Schusterjungen zu unterdrücken. Sie können hier einstellen, daß entweder zwei Absätze nicht voneinander getrennt oder eine festzulegende Anzahl von Zeilen unten oder oben auf der Seite nicht unterschritten werden dürfen. Wenn Sie den oberen Button anklicken, wird der Text nur nach einem vollständigen Absatz umbrochen. Klicken Sie den unteren Button an, wenn Sie Schusterjungen (Start) und Hurenkinder (Ende) vermeiden wollen.

Ausrichtung

Hier nehmen Sie die Ausrichtung der Absätze vor. Es stehen Ihnen die Optionen: **Linksbündig, Zentriert, Rechtsbündig** und **Blocksatz** zur Verfügung.

Anwenden

Klicken Sie **Anwenden** an, und kontrollieren Sie das Ergebnis bevor Sie **OK** klicken. Bevor Sie das Fenster schließen, können Sie den Button **Anwenden** anklicken. Sie können jetzt kontrollieren, ob die Einstellungen stimmen. Ggf. müssen Sie das Fenster auf dem Bildschirm etwas verschieben, wenn Ihnen die Sicht versperrt ist. Sie haben bis jetzt das Fenster **Formate** noch nicht verlassen, so daß Sie Veränderungen korregieren können, so lange bis die Einstellungen hundertprozentig richtig sind. Die Möglichkeit die Arbeit auf diese Weise kontrolliern zu können, ist ein großer Vorteil von QuarkXPress. Sind Sie zufrieden, klicken Sie **OK** und verlassen nun endlich das Fenster.

S&B = Silbentrennung und Blocksatz

Als nächstes müssen Sie dem Programm vorgeben, in welcher Einstellung der Text getrennt bzw. auf Blocksatz umbrochen werden soll. Die Vorgaben für Silbentrennung und Blocksatz erfolgen über das **Menü Bearbeiten**. Hier können Sie unter anderem auch die Silbentrennung ausschalten.

Absatzformate auf andere Absätze übertragen

Sie markieren einen Absatz, halten die [Alt][-] und die [⇧]-Taste gedrückt, klicken in den Absatz, dessen Formatierung übernommen werden soll und QuarkXPress für die Formatierung sofort aus.

Der Einsatz von Stilvorlagen

Mit der *Absatzformatierung* können Sie sehr effizient und sehr schnell große Werke umbrechen. Selbst mit etwas trägeren Layout-Programmen erledigen Sie den Umbruch eines Buches in einem akzepablen Zeitverhalten. Voraussetzung ist natürlich, daß Sie sich einer notwendigen Disziplin unterwerfen. Da ein normales Fachbuch hierarchiche Regeln aufweist, ist jeder Setzer an diese gebunden. Hinzu kommen die Satzanweisungen des Auftraggebers. Sollten Sie keine Satzanweisungen bekommen so verlangen Sie wenigstens ein Musterbuch.

Formatieren mit Stilvorlagen

Fotosetzer nennen Stilvorlagen „UDKs", „IWTs", in anderen DTP-Layoutprogrammen werden die Stilvorlagen mit Druckformaten bezeichnet. Es ist die rationellste Methode einen Umbruch vorzunehmen, wenn der Text unformatiert in das QuarkXPress-Dokument übernommen worden ist. Sie können jedem Absatz alle gewünschten Formatierungen zuweisen, in der Stilvorlage können sich Einstellungen verbergen, die über die Maßpalette nicht vorgenommen werden können.

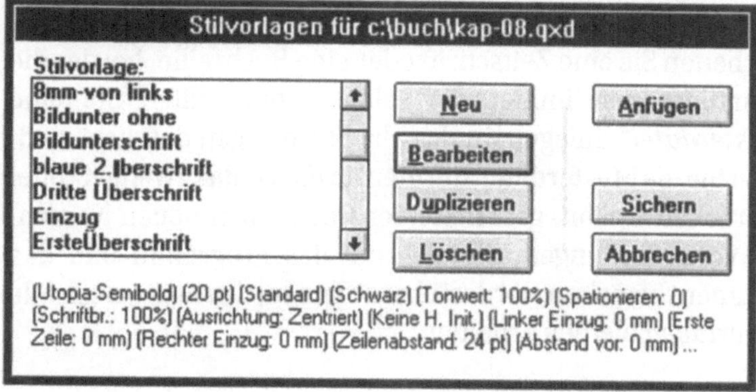

Abb.8.1:	Schnelles Arbeiten an einem umfangreichen Werk kann nur über Stilvorlagen geschehen. Da eine Druckschrift immer wiederkehrende Elemente hat, ist das Einrichten von Stilvorlagen sehr empfehlenswert.

Stilvorlage bearbeiten

Name:
Bildunterschrift

Tastenkombination:

Vorlage: Kein Stil

Typografie
Formate
Linien
Tabulatoren

(Helvetica) (9 pt) (Standard) (Schwarz) (Tonwert: 100%) (Spationieren: 0)
(Schriftbr.: 100%) (Ausrichtung: Blocksatz) (Keine H. Init.) (Linker Einzug: 15
mm) (Erste Zeile: -15 mm) (Rechter Einzug: 0 mm) (Zeilenabstand: 10 pt)
(Abstand vor: 0 mm) ...

OK   Abbrechen

Abb.8.2:   Die Stilvorlagen können Sie auf ein Tastaturkürzel ablegen. Sind es immer die gleichen Stilvorlagen und ist die Anzahl überschaubar, ist die Zuweisung per Tastaturkürzel die schnellste Möglichkeit.

Zum Beispiel, wenn Sie eine Zwischenüberschrift mit einer Linie darüber oder darunter setzen möchten. Der Aufruf über **Tastaturkürzel** Strg + ⇧ + N oder Alt + S + L ruft aus dem **Menü Stil, Linien** das Dialogfenster auf. Das selbe gilt, wenn Sie Text mit Tabulatoren versehen wollen, auch hier bietet Quark-XPress zwei Optionen an.

Stilvorlagen für das Dokument

Bearbeiten Sie eine Zeitschrift oder eine Buchreihe, bei der die Formatierungen immer die selben sind, sollten Sie eine *„Musterdatei"* anlegen, in der alle Stilvorlagen definiert sind. Wenn Sie die Musterdatei aufrufen, in dieser das zweite Kapitel umbrechen wollen, geben Sie der Datei einen neuen Namen. Alle Voreinstellungen, die sich auf das Programm und das Dokument beziehen werden übernommen, das heißt, auch alle *Stilvorlagen* bleiben erhalten.

Stilvorlage NORMAL

Sie finden bei Beginn der Arbeit nur eine Stilvorlage vor, es ist die Stilvorlage Normal. Hinter dieser verbergen sich die Voreinstellungen, die Sie in dem **Menü Bearbeiten, Voreinstellungen** vorgegeben haben. Importieren Sie Text aus einer gelieferten Datei, werden die Vorgaben aus dem Stilformat **Normal** übernommen. Mit einer Stilvorlage können Sie nicht rationell arbeiten, verwenden Sie soviel wie möglich Stilvorlagen, denn das manuelle Formatieren unterschiedlicher Texte kann zu Fehlern führen, wenn Sie ähnliche Aufträge bearbeiten. Formatieren Sie den Text aus der Erinnerung heraus, schleichen sich Fehler durch Vergeßlichkeit ein. Bei der Arbeit mit Stilvorlagen aus einer Musterdatei heraus, ist die Fehlerquote geringer.

Stilvorlagen vermeiden Fehler.

Eine neue Stilvorlage definieren

Richten Sie die Stilvorlagen sinnvoll ein, verwenden Sie Namen, die auf die Funktion verweisen, verwenden Sie keine geheimnisvollen Bezeichnungen, an die Sie sich dann selbst nicht mehr erinnern können. In der **Stilvorlagen-Palette** erscheinen alle Stilvorlagen, die zu dem aktuellen Dokument gehören. Sie werden in der Palette alphabetisch geordnet. Ziffern stehen über den Buchstaben. Die Tastaturkürzel lassen sich in dem Fenster ebenfalls definieren. Sie stehen neben der Bezeichnung der Stilvorlage. Blenden Sie mit dem Aufruf [Alt]+[A]+[V] die Stilvorlagen-Palette auf den Monitor. Nach dem Markieren eines Absatzes weisen Sie mit einem einzigen Klick auf die Stilvorlage in der Palette dem Absatz alle Formatierungen zu. Sie können in den Paletten rauf- und runterscrollen. Arbeiten Sie mit wenigen Stilvorlagen, können Sie die gesamte Palette aufziehen und haben alle Stilvorlagen im Überblick.

So legen Sie die Schrift fest

Es öffnet sich das Typografie-Fenster, wenn Sie das „Schrift"-Feld anklicken. Nachdem Sie alle Einstellungen vorgenommen haben, bestätigen Sie mit **OK**.

So definieren Sie die Formate

Eine ausführliche Beschreibung haben wir bereits im vorherigen Kapitel beschrieben. Nehmen Sie hier alle notwendigen Einstellungen vor. QuarkXPress ermöglicht es Ihnen, das Dokument über die Stilvorlage registerhaltig zu definieren. Bei mehrspaltigem Satz sorgt das Programm dafür, daß die einzelnen Zeilen auf gleicher Höhe sitzen. Diese Einstellung ist für den Ungeübten etwas gewöhnungsbedürftig, haben Sie jedoch erst einmal die Funktionsweise begriffen, werden Sie auf diese Möglichkeit nicht mehr verzichten. Es ist ein sehr gutes Hilfsmittel, Bilder, Bildunterschriften und Tabellen registerhaltig zu setzen.

Es bietet sich per Stilvorlage an, ein Initial einem Absatz zuzuweisen. Sie geben an, über wieviel Zeilen das Initial laufen soll, automatisch wird der erste Buchstabe zu einem Initial umgesetzt.

Linien

Mit dieser Einstellmöglichkeit ordnen Sie einer Überschrift oder einem Absatz Linien zu, die mit dem Text verankert sind und beim neuen Umbruch mit dem Text mitfließen. Sie können einer einzeiligen Überschrift – oder Textzeile – Linien oberhalb und unterhalb der Schriftlinie zuordnen. Die Eingabe kann in Prozent-Werten oder in Millimeter vorgenommen werden. Sie müssen ausrechnen, um wieviel Millimeter die Linie von der Schriftlinie entfernt stehen soll. Sie können von links und rechts Einzüge definieren. Sind im **Menü Formate** bereits Einzüge eingestellt, so rückt die Linie ebenfalls um den Einzug ein. Verhindern können Sie diesen Einzug, wenn Sie einen Tabulator anstelle für den Einzug verwenden. Die Linie beginnt dann ganz links oder rechts, da kein Einzug definiert ist.

Tabulatoren

Tabulator anstelle eines Einzugs definieren bei verankerten Linien.

Wenn Sie dieses Feld anklicken, öffnet sich das **Dialogfenster Tabulatoren**, das Sie auch mit dem **Befehl** Strg + ⇧ + T öffnen können. Folgende Tabulatoren sind einstellbar: linksbündig, rechtsbündig, zentriert, dezimal, Komma, Ausrichten an #. Selbstverständlich können auch Füllzeichen für Tabulatoren definiert werden, wie zum Beispiel Punkte, Striche usw. Eine weitere ausführliche Beschreibung über den Einsatz von Tabulatoren können Sie im Kapitel *Tabellensatz* nachlesen.

Sichern der Stilvorlage

Nachdem Sie alle Einstellungen vorgenommen haben, klicken Sie auf **Sichern**, der Name erscheint jetzt im Rollfeld des Dialogfensters.

Bearbeiten der Stilvorlage

Es kann vorkommen, daß der Autor bestimmte Auszeichnungen abgeändert haben möchte. Diese Änderungen beziehen sich immer auf dieselbe Stilvorlage. Mit der Möglichkeit **Bearbeiten**, rufen Sie die entsprechende Stilvorlage auf, nehmen die Änderungen vor und sichern die geänderte Stilvorlage. Alle Stilvorlagen im Dokument werden jetzt geändert. Müssen Sie diese Änderung in allen Kapiteln Ihres Buches vornehmen, können Sie die geänderte Stilvorlage dem weiteren Dokument **Anfügen**, es ändern sich dann auch hier alle Korrekturstellen.

Mit Stilvorlage Anfügen ersparen Sie sich sehr viel Arbeit.

Löschen und duplizieren von Stilvorlagen

Außer der Stilvorlage Normal können alle Stilvorlagen gelöscht werden. In dem Dialogfenster klicken Sie den Namen der Stilvorlage im Rollfeld an, so daß diese markiert wird. Durch Anklicken des Buttons **Löschen** entfernen Sie die Stilvorlage. Haben Sie den Wunsch, eine Stilvorlage auszubauen, können Sie erst eine passende Stilvorlage duplizieren und diese dann ergänzen und unter einem anderen Namen abspeichern.

S&B = Silbentrennung und Blocksatz

In den Voreinstellungen für das Programm – es darf noch kein Dokument geöffnet sein –, können Sie die Satztrennung, den Blocksatz und die Trennungen einstellen. Hier nehmen Sie auch die Voreinstellungen für den Wortzwischenraum vor. Im Bleisatz und im Fotosatz ist der normale Wortzwischenraum ein Drittel Geviert. QuarkXPress hat bei der Standardeinstellung für Wortzwischenraum eine Einstellung, die typisch amerikanisch ist; die Einstellung im Feld **Maximal** ist auf 15% voreingestellt. Dieses beeinflußt den Blocksatz, indem Zeilen ausgetrieben und die Worte gesperrt werden. In Deutschland bevorzugt man das Verringern und Erweitern der Wortzwischenräume ohne den Text zu sperren. Sperren wird nur in ganz besonderen Fällen angewandt.

So stellen Sie S&B für alle Dokumente ein

1. Sie starten das Programm
2. Sie öffnen keine Datei
3. Im **Menü Bearbeiten** rufen Sie das Fenster **S&B** auf..
4. Sie stellen die Parameter für S&B ein
5. Sie speichern und schließen das Programm, QuarkXPress merkt sich die Voreinstellungen.

Standardeinstellung für Blocksatz

Die Blocksatzmethode wird am besten mit Minimum 50%, Optimum 75% und Maximum 100% voreingestellt. Es entspricht in etwa dem Drittel-Geviert-Satz.

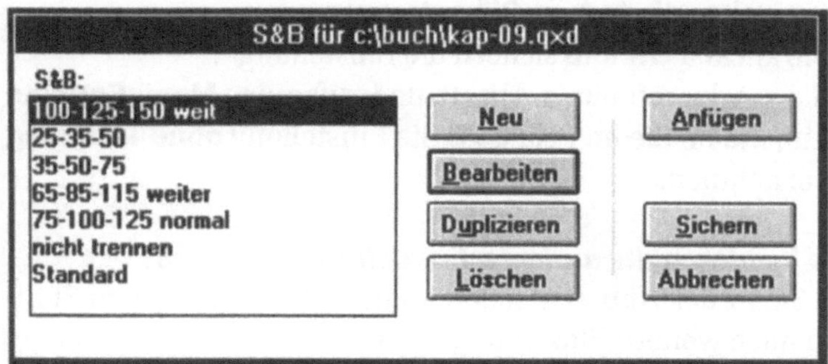

Abb. 9.1:
Über die Wortabstände können Sie den Blocksatz beeinflussen.

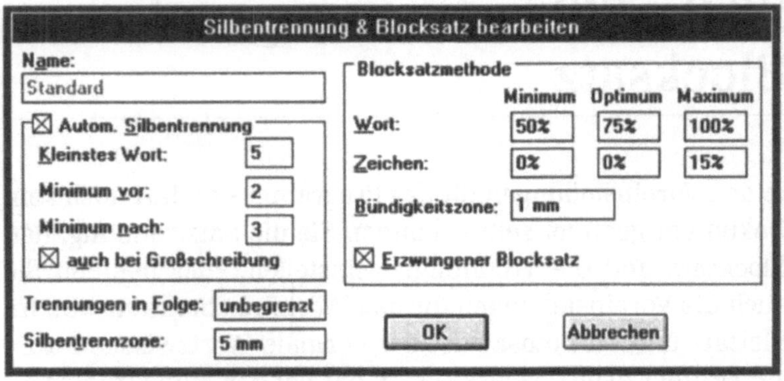

Abb. 9.2:   In diesem Fenster stellen Sie die Trenn-Modalitäten ein. Die Ziffern im Namensfeld zeigen Ihnen den verringerten Wortzwischenraum an, den Sie im Menü Formate ändern können.

Auch beim deutschen Programm ist die Voreinstellung bei den Buchstaben:beim **Maximum** *auf 15% voreingestellt, diesen Wert sollten Sie bei Büchern auf Null stellen.*

Zeichenabstand einstellen

Die Werte Minimum, Optimun und Maximum sollten auf 0% stehen, vergessen Sie bei Maximum die 15% auf 0% zu setzen, wird Blocksatz gesperrt.

Autom. Silbentrennung

Hier klicken Sie den Button **Autom. Silbentrennung** an, ansonsten trennt das Programm nur auf manuellen Befehl mit der Tastenkombination: (Strg) + (-). Es gibt bestimmte Satzaufträge, bei denen der Satz mit ausgeschalteter Trennung notwendig ist. Diese Möglichkeit können Sie natürlich ebenfalls in diesem Dialogfenster vordefinieren:

1. Sie öffnen das Menü **Bearbeiten**
2. Sie öffnen das Dialogfenster **S&B**
3. Sie klicken **NEU** an und tragen in das Namensfenster „ohne Trennung" ein
4. Sie stellen die **Autom. Silbentrennung** aus
5. Sie klicken **OK** und sichern die Einstellung
6. Sie markieren einen Absatz und rufen das **Menü Formate** auf, indem Sie im Feld **S&B** die Einstellung **ohne Trennung** vornehmen.

Was bewirken die anderen Einstellungen in S&B?

Wie Sie in der Abb. 9.1 sehen können, kommen neben Standard noch weitere Einstellungen vor:

100-125-150　　Diese Einstellung erweitert den Wortzwischen-raum fast um das doppelte, wenn ein Absatz „ausgetrieben" werden soll.

Mit diesen Einstellungen beeinflussen Sie den Blocksatz.

30-50-75　　Mit dieser Einstellung wird beim Blocksatz der Wortabstand verringert, so daß bei auslaufenden Zeilen einzelne Silben oder einzelne Wörter „eingebracht" werden können.

75-100-125　　Hier werden die Wortzwischenräume innerhalb eines Absatzes gering vergrößert. Manchmal genügt diese Einstellung, um eine Zeile hinzuzubekommen.

Mit dieser Methode können Sie beim Blocksatz, wenn der Text kompreß gesetzt ist, Hurenkinder und Schusterjungen vermeiden, wenn die Einstellung im Dialogfenster **Formate** Ihren Ansprüchen nicht gerecht wird.

So stellen Sie die Silbentrennung ein

1. Autom. Silbentrennung: anklicken
2. Kleinstes Wort: 4 eingeben
3. Minimum vor:2 eingeben
4. Minimum nach: 2 eingeben
5. auch bei Großschreibung: anklicken, das bewirkt, daß Worte mit Großbuchstaben am Anfang oder in Versalien mit getrennt werden.
6. Trennung in Folge: 4 eingeben, unbegrenzt stehen lassen kann zu zahlreichen Trennungen auf einer Seite führen. Es kann natürlich vorkommen, daß lange Wörter in einer Zeile nicht mehr getrennt werden und die Wortzwischenräume riesig werden, dann ist die letzte Trennmöglichkeit in Folge erschöpft, also geben Sie mindestens 4 ein.
7. Silbentrennzone: Diese Einstellung bezieht sich nur auf Flattersatz, hier wird der rechte Rand eingestellt, je größer der Wert, desto größer wird der Trennbereich.

Einstellen der Bündigkeitszone

Die Bündigkeitszone definiert den Bereich, in dem das Programm **Erzwungenen Blocksatz** vornimmt. Im Dialogfenster muß der entsprechende Button angeklickt sein. Erzwungener Blocksatz wirkt sich auf die letzte Zeile eines Absatzes aus. Wenn das letzte Wort fast bis an den rechten Rand geht, wird

diese Zeile dann auf volle Breite ausgetrieben, wenn es bis auf
einen bestimmten Wert an die Voreinstellung herangekommen
ist. Mit anderen Worten, geben Sie in dieses Feld den Wert 1
ein, kommt das letzte Wort bis auf einen Zoll an den rechten
Rand heran, werden die Wortzwischenräume der letzten Zeile
vergrößert, bis der letzte Buchstabe den rechten Rand erreicht
hat.

Rechtschreibprüfung und Trennvorschläge

Importierte Texte oder editierte Texte in QuarkXPress können nachträglich kontrolliert werden. Es werden verschiedene Möglichkeiten angeboten. Im **Menü Hilfsmittel** öffnen Sie die Option **Rechtschreibprüfung**, ein Unterfenster blendet auf, in dem Sie Worte vergleichen und das Kapitel oder das gesamte Dokument prüfen lassen können.

Lassen Sie das Dokument prüfen, vergleicht QuarkXPress zuerst die Anzahl der bekannten und unbekannten Wörter. Je nachdem, wie groß der Wortschatz ist, der mitgeliefert wird, ist die Rechtschreibprüfung zuverlässig oder fragwürdig. Die „verdächtigen" Wörter werden angezeigt, und Sie können diese durch Wortalternativen und Synonyme ersetzen.

Ausnahme-Lexika

In den meisten Fällen werden die Anwender QuarkXPress zum Layouten anspruchsvoller farbiger Dokumente oder umfangreicher Werke benutzen. Doch es ist jedem Anwender über-

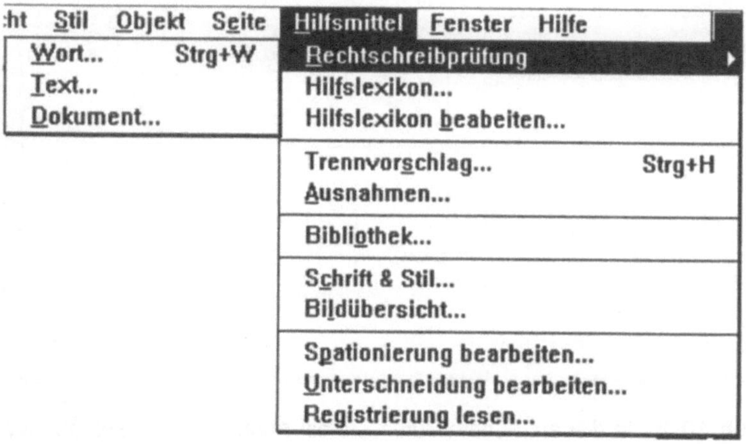

Abb. 10.1:　Sie können wortweise Ihr Dokument prüfen. Es werden Worte miteinander verglichen; die Satzstellung, der Ausdruck und die Zeichensetzung werden nicht kontrolliert.

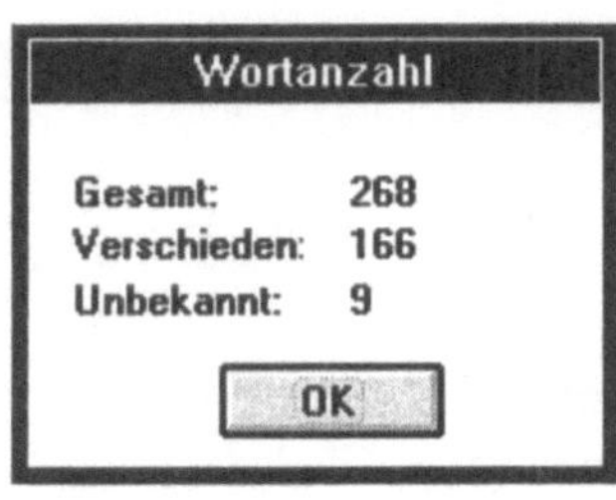

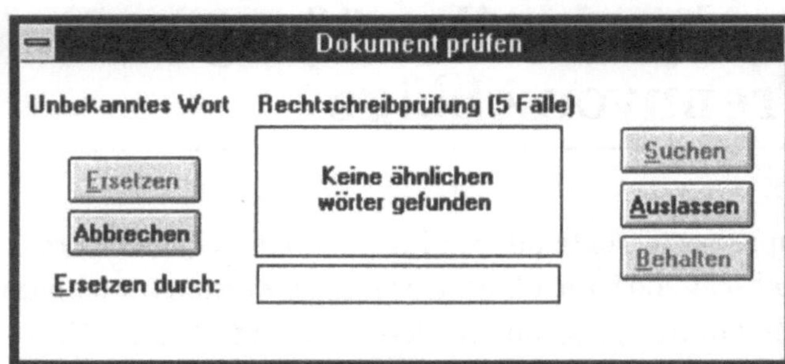

Abb. 10.2:
Das Zählen der gesamten Wörter hat immerhin eine Summe von ca. 12.000 Wörtern ergeben.

Abb. 10.3:
In diesem Fenster nehmen Sie die Rechtschreibverbesserung vor. Arbeiten Sie mit weiteren Textverarbeitungsprogrammen, so sollten Sie prüfen, welches die besten Ergebnisse erzielt. Sinnvoll ist es, vor dem Umbrechen den Text zu prüfen. Wird eine fremde Datei geliefert, sollte diese bereits kontrolliert sein.

lassen, ob er die Rechtschreibprüfung und die Benutzer-Lexika einsetzt und nutzt.

In einer Redaktion, in der sowohl Texte erfaßt als auch layoutet wird, macht es Sinn, wenn das Korrekturlesen von einem Programm durchgeführt wird. Der Nutzen liegt darin, daß die Ausnahme-Lexika einheitlich gepflegt werden, so daß mit der

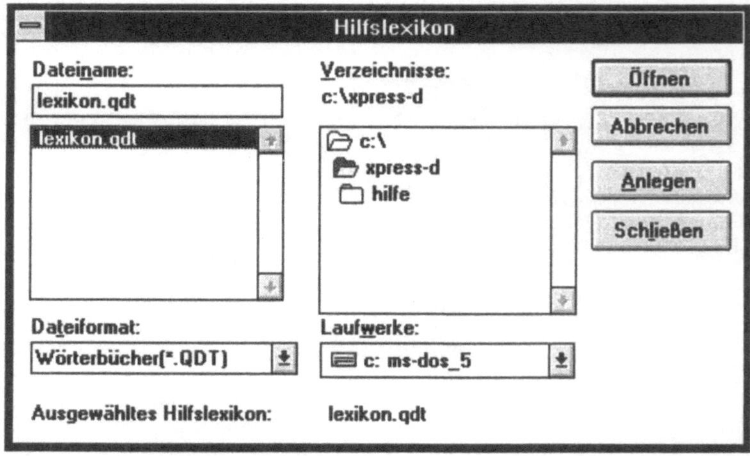

Abb. 10.4:   In diesem Fenster rufen Sie ein Ausnahme-Lexikon auf. Ist QuarkXPress für Ihre Arbeit das Universalprogramm, sowohl für Texterfassung, Layout und Umbruch, sollten Sie entsprechende Ausnahme-Lexika anlegen, um Fachbegriffe darin zu speichern.

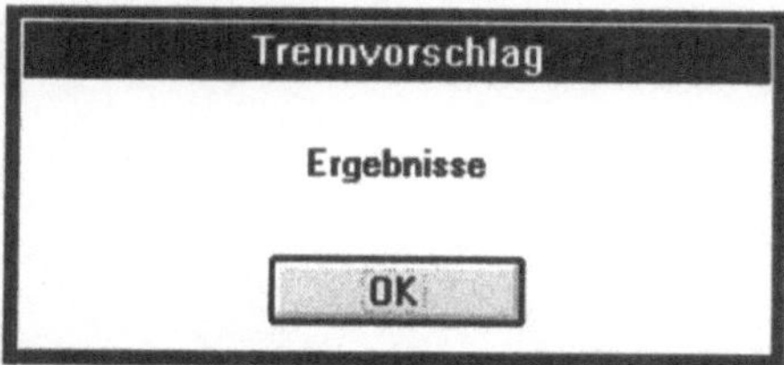

Abb. 10.5:
In diesem Fenster kontrollieren Sie die richtigen Trennungen wortweise, in dem Wort, in dem der Cursor steht, wird die Trennung kontrolliert.

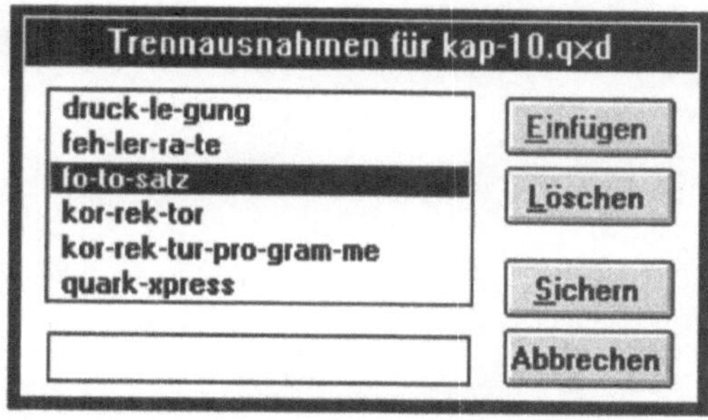

Abb. 10.6:
In dieses Fenster tragen Sie die Trenn-Ausnahmen ein. Eigennamen, Firmennamen oder Titel in der Anrede sollten nicht getrennt werden.

Zeit die Fehlerrate immer geringer wird. Trotz der besser werdenden Korrekturprogramme ist ein Korrektor nicht überflüssig. Jeder Text muß vor der Drucklegung sorgfältig kontrolliert werden. Geringfügige Veränderungen an einem Textrahmen können zu einem neuen Umbruch führen. Sind die Seiten kontrolliert, sollten sie festgesetzt oder sogar gruppiert werden.

Anlegen eines Hilfslexikons und Trennausnahmen

Wer das Programm QuarkXPress zur Texterfassung einsetzt und mit der Rechtschreibprüfung eine „Vorabprüfung" vornehmen möchte, dem sei langfristig geraten, auch die Ausnahme-Lexika zu pflegen.

Suchen und Ersetzen

Anspruchsvolle Textverarbeitungsprogramme beinhalten alle die Funktion **Suchen und Ersetzen**. Bei den Layout-Programmen war das bis vor kurzem nicht selbstverständlich. Eines der leistungsfähigsten Umbruch-Programme für den PC – es handelt sich um den *Ventura Publisher* – ließ das Modul Suchen und Ersetzen vermissen. Die sonst sehr zufriedenen Anwender waren glücklich, als dann eine neue Version auf den Markt kam, das diesen Modul beinhaltete. Sie sehen, es handelt sich offenbar doch um ein wichtiges Bestandteil einer Textverarbeitung bzw. eines Satzprogrammes.

Ventura Publisher und der Page Maker neuerer Version verfügen über die Funktion SUCHEN & ERSETZEN

Dialogfenster Bearbeiten Suchen & Ersetzen

Der Befehl für diese Funktion wird mit ⌷Strg⌷ + ⌷F⌷ aufgerufen. Beachten Sie, daß das Programm den Textrahmen von oben nach unten durchsucht. Es wird nicht nachgefragt, ob am Anfang des Textes der Suchvorgang fortgesetzt werden soll. Mit anderen Worten, QuarkXPress sucht ab Cursor-Beginn nur in Richtung Dokumentende.

Müssen Sie in einem umfangreichen Werk Autorkorrekturen vornehmen, bei dem sich durch Einfügungen der Umbruch am Anfang bereits verschoben hat, sind die Korrekturseiten des Autors mit den Bildschirmseiten nicht mehr identisch. Jetzt setzt die Leistungsfähigkeit dieser Funktion ein, denn in einem umfangreichen Text hat das Programm die gesuchte Stelle bedeutend schneller gefunden als Sie. Ist die Korrektur eindeutig, können Sie bereits die Verbesserung eintippen. Sie klicken die Option mit **Bestätigung an**, so daß Sie noch einmal die Richtigkeit überprüfen können. Autorkorrekturen sind der ewige „Zankapfel", wenn es ans Bezahlen geht, versuchen Sie deshalb, mit dieser Funktion diese unliebsame Arbeit so weit es geht, zu optimieren.

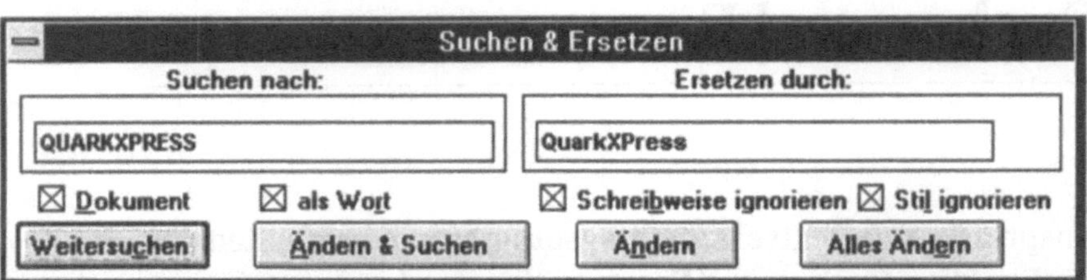

Abb. 11.1:   Das Fenster Suchen/Ersetzen, in dieser Einstellung werden
             Texte ausgetauscht.

Suchen und Ersetzen nach Zeichen und Text

Sie stellen den Cursor an den Anfang des Dokumentes und rufen mit der Tastenkombination ⌨Strg + ⌨F das Fenster **Suchen & Ersetzen** auf. In das linke Feld geben Sie den Text ein, den Sie suchen wollen, mit der ⌨⇆-Taste springen Sie in das **Ersetzen durch:-Feld**. Als nächstes klicken Sie die Felder an, die Sie benötigen. Möchten Sie das gesamte Dokument durchsuchen lassen, ist es die erste Einstellung. Sie können folgende Einstellungen wählen: **Dokument, als Wort, Schreibweise ignorieren, Stil ignorieren.**

Sie starten die Suche, indem Sie auf den Button Weitersuchen klicken. Die Möglichkeiten **Ändern & Suchen, Ändern, Alles Ändern** erlauben es Ihnen, den Suchen & Ersetzen-Prozeß so durchzuführen, wie Sie es für Ihre Arbeit benötigen.

Wenn Sie Dokument anklicken, wird das gesamte Dokument durchsucht, klicken Sie das Feld als Wort an, sucht das Programm nur ganze Wörter, ansonsten werden auch Wortbestandteile angezeigt. Ist das Feld **Schreibweise ignorieren** aktiviert, macht das Programm zwischen Groß- und Kleinschreibung keinen Unterschied.

Suchen und Ersetzen nach Schrift-Attributen

Die leistungsfähigen Layout-Programme können alle nach Text-Attributen suchen. Eine sehr nützliche Funktion, denn es wäre nicht das erste Mal, daß plötzlich dem Auftraggeber

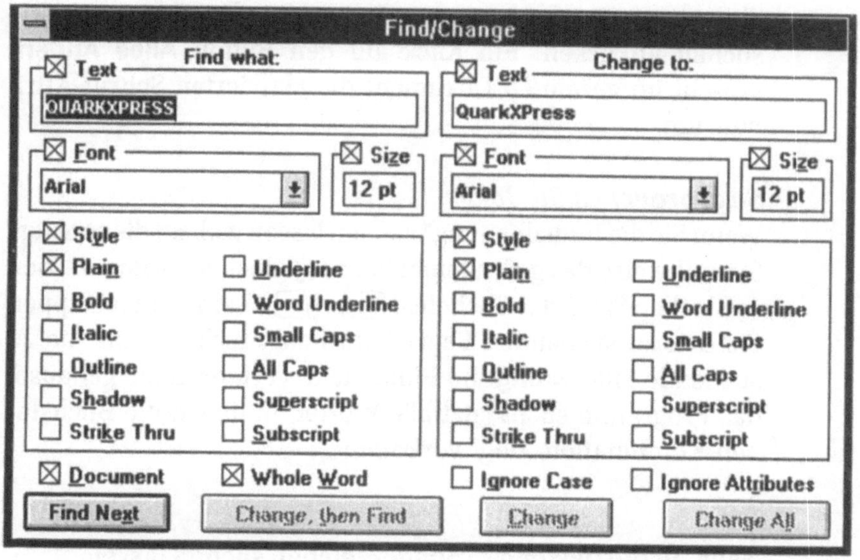

Abb. 11.2: In diesem Fenster zeigt Ihnen das Programm die verwendeten Schriften an. Übernehmen Sie ein Dokument eines Kollegen, können Sie in diesem Fenster die eingesetzten Schriften identifizieren.

einfällt, er möchte gerne eine ganz andere Schrift als abgesetzt haben. In solch einem Fall macht sich dann diese leistungsfähige Funktion bezahlt. Wenn Sie das Feld **Stil ignorieren** ausschalten, öffnet sich automatisch das nächste umfangreiche Fenster (Abb. 11.2).

Jedes angekreuzte Feld bedeutet, daß es aktiviert ist, leere Felder finden keine Berücksichtigung. Daneben gibt es auch noch graue Felder; diese bedeuten, daß Text-Attribute teilweise im Dokument vorkommen.

Mit diesem Fenster werden Sie in die Lage versetzt, jede Schrift x-beliebig zu verändern. Sie können kleine Schriften in große Schrift umwandeln lassen, Sie können aus einer leichten Helvetica eine Frutiger Ultra Black werden lassen, vorausgesetzt die Schriften sind in Ihrem System installiert.

Vermeiden Sie es jedoch, Ihren Kunden, die Sie noch nicht gut genug kennen, auf diese Möglichkeiten aufmerksam zu machen, denn Sie werden Ihres Lebens nicht mehr froh.

Sie starten den Suchvorgang, indem Sie den Button Weitersuchen anklicken. Ein Klick auf den Button **Alles Ändern** tauscht im gesamten Dokument die aktivierten Schrift-Attribute um.

So gebrauchen Sie Joker

Wenn Sie die Endsilbe „ung" suchen lassen wollen, die sonstige Schreibweise des gefundenen Wortes jedoch ignoriert werden soll, geben Sie in das Suchefeld [Strg]+[⇧]+? ein. Danach tippen Sie den zu suchenden Begriff. Im Feld erscheint nur die zu suchende Silbe = **ung**. Im Findenfeld verfahren Sie genauso; das Programm sucht jetzt alle Wörter, in denen die Buchstaben-Kombination „ung" vorkommt.

Nach nichtdruckenden Sonderzeichen suchen lassen

Suchen nach	Eingabe	Anzeige
Tabulator	[Alt] + [0][9][2] + [T]	\t
Absatzschaltung	[Alt] + [0][9][2] + [P]	\p
Zeilenschaltung	[Alt] + [0][9][2] + [C]	\c
Neuer Rahmen	[Alt] + [0][9][2] + [B]	\b

Sie können die Sonderzeichen während der Arbeit ein- und ausblenden, der **Befehl** [Strg]+[I] blendet die Sonderzeichen ein bzw. aus. Bei Tabellensatz ist dies eine unverzichtbare Funktion, wenn Sie eine Tabelle nachträglich gestalten möchten.

Tabellensatz

Im Programm QuarkXPress ist kein Tabellen-Editor enthalten, wie Sie ihn vielleicht vom *PageMaker* oder vom *Ventura Publisher* her kennen. Ein Beispiel soll jedoch das Setzen einer Tabelle verdeutlichen.

Zuerst sollten Sie einen neuen Textrahmen aufziehen. Es ist vorteilhaft, wenn Sie Tabellen in einen eigenen Textrahmen stellen. Verändert sich beim Umbruch der Grundtext, kann er den Tabellenrahmen umfließen, ohne die Tabelle und die Tabellenüberschrift und die Linien zu beeinflussen.

QuarkXPress hat die Möglichkeit, Objekte zu gruppieren, d.h., Sie aktivieren alle im Tabellenrahmen vorkommenden Linien und den Tabellenrahmen und wählen den **Befehl** Strg + G; damit werden alle aktivierten Elemente gruppiert, mit dem **Befehl** Strg + L können Sie die Gruppe noch als unverrückbar definieren. Hiermit sorgen Sie dafür, daß die senkrechten Linien nicht verrückt werden können, so daß die exakten Linienanschlüsse für ein einwandfreies Satzbild sorgen .

Texteingabe für eine Tabelle

Sie sollten immer berücksichtigen, daß Tabellen nur mit Tabulatoren exakt formatiert werden können. Das Eintippen von *Leerzeichen* stammt aus der Schreibmaschinen-Ära, bei *Proportionalschrift* kann es Ihnen nicht gelingen, auf diese Art, eine Tabelle präzise zu gestalten. Tippen Sie jedesmal die Tabulatortaste, wenn der Text in eine andere Spalte plaziert werden soll. Sind noch keine endgültigen Tabulatoren eingestellt, sieht die Tabelle noch etwas unbeholfen aus, daran sollten Sie sich nicht stören.

Ist der Satzspiegel 125 mm breit und soll die Tabelle ebenfalls so breit werden, ziehen Sie einen entsprechend breiten neuen Textrahmen auf, den Sie in der Maßpalette genau kontrollieren. Stellen Sie ggf. dort noch einmal exakt die richtigen

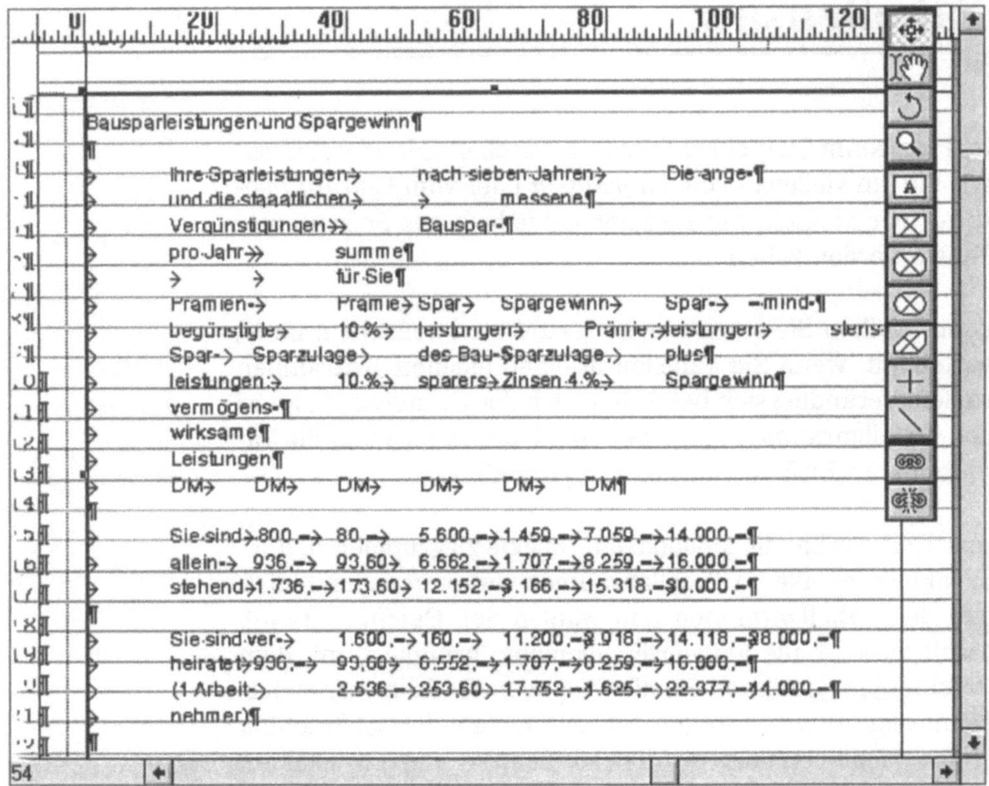

Abb. 12.1:   Eine „roh"-erfaßte Tabelle, ohne Formatierungen und Einstellung der Tabulatoren und Tabellen-Linien. Sie sehen ein „Bildschirm-Foto" der Seite, so daß Sie auch die nicht druckbaren Zeichen = Tabulatoren und RETURNS gezeigt bekommen.

Parameter ein. Das ist wichtig, wenn Tabellenrahmen und Tabellenlinien vorkommen. Ist der Tabellenrahmen kleiner oder größer als der Satzspiegel, sehen Sie später die Ungenauigkeiten, die selbst ein Laie mit dem bloßen Auge erkennen kann. Benutzen Sie beim späteren Formatieren auch die Hilfslinien; *Auszeichnungen* können Sie bereits beim Erfassen mit eingeben.

So verwenden Sie die Tabulatoren

Bei einer Tabelle unterscheidet man zwischen der Tabellenüberschrift, dem Tabellenkopf und der Tabellenlegende. Alle

Bausparleistungen und Spargewinn					
	Ihre Sparleistungen und die staaatlichen Vergünstigungen pro Jahr		nach sieben Jahren			Die angemessene Bausparsumme für Sie – mindestens –
	Prämienbegünstigte Sparleistungen; vermögenswirksame Leistungen DM	Prämie 10 % Sparzulage 10 % DM	Spar leistungen des Bausparers DM	Spargewinn Prämie, Sparzulage, Zinsen 4 % DM	Sparleistungen plus Spargewinn DM	DM
Sie sind alleinstehend	800,– 936,– 1.736,–	80,– 93,60 173,60	5.600,– 6.662,– 12.152,–	1.459,– 1.707,– 3.166,–	7.059,– 8.259,– 15.318,–	14.000,– 16.000,– 30.000,–
Sie sind verheiratet (1 Arbeitnehmer)	1.600,– 936,– 2.536,–	160,– 93,60 253,60	11.200,– 6.552,– 17.752,–	2.918,– 1.707,– 4.625,–	14.118,– 8.259,– 22.377,–	28.000,– 16.000,– 44.000,–
Sie sind verheiratet (2 Arbeitnehmer)	1.600,– 1.872,– 3.472,–	160,– 187,20 347,20	11.200,– 13.104,– 24.304,–	2.918,– 3.414,– 6.332,–	14.118,– 16.518,– 30.636,–	28.000,– 32.000,– 60.000,–

Quelle: Landesbausparkasse

Abb. 12.2: Die formatierte Tabelle, mit einem Rahmen, senkrechten und waagerechten Linien. Müssen Tabulatoren geringfügig verändert werden, weil die Schrift an eine Linie ragt, so nehmen Sie die Änderung im Positions-Fenster vor. Das Bewegen des Tabulator-Symbols mit der Maus ist zu unexakt.

drei Elemente können in einem separaten Textrahmen stehen. Wenn Sie jetzt die Tabellenüberschrift markieren, formatieren Sie diese zuerst – nach den Angaben der Satzanweisung: linksbündig, 10 pt hf. Helvetica. Der Tabellenkopf wird nun von Ihnen markiert und die Tabulatoren eingestellt. In dem vorliegenden Fall soll der Tabellenkopf zentriert gesetzt werden, ausgenommen ist die linke äußere Spalte. Die DM-Werte werden dann markiert und mit einem Dezimaltabulator ausgerichtet.

Rufen Sie das Fenster für Tabulatoren im **Menü Stil** oder mit dem **Befehl** Strg + ⇧ + T oder mit dem **Befehl** Alt + S + R, auf. Am Fuß des Tabulatoren-Fensters sehen Sie ein Lineal, das sich auf den markierten Text bezieht. Haben Sie vorher Hilfslinien gezogen, können Sie am Lineal des Arbeitsfensters die Position ablesen, an welcher Stelle der erste zentrierte Tabulator gesetzt werden muß.

Wichtig ist, daß Sie den Nullpunkt auf den linken Rahmenrand plaziert haben, denn dann stimmen die Werte des Textrahmens mit dem Lineal im Tabulatoren-Fenster überein. Sie sehen nur einen begrenzten Ausschnitt. Klicken Sie auf den rechten Pfeil und das Fenster wandert nach rechts bis zum äußersten rechten Rand. Ist der Textrahmen exakt auf 125 mm eingestellt, so ist das Lineal ebenfalls 125 mm breit. Sie können die Tabulatoren mit Ziffern in das Positionsfeld eintippen oder durch Klicken in das Lineal einen zentrierten Tabulator definieren.

In diesem Fenster ist ein Knopf vorhanden, mit dem Sie dem markierten Text den entsprechenden Tabulator zuweisen können. Sie sehen dann sofort, was sich in Ihrem Textfenster getan hat. Haben Sie sich geirrt, können Sie jetzt immer noch eine Änderung vornehmen, ohne das Tabulatoren-Fenster verlassen zu müssen. Haben Sie umfangreiche Tabellen zu bearbeiten, so werden Sie es bald zu schätzen wissen, wenn Sie nicht jedesmal neu das Menü aufrufen müssen, sondern durch Klicken des **Anwenden**-Knopfes besser die Arbeit überblicken können.

Je nachdem welcher Text im Tabellenkopf steht, oder welche Texte in der Tabellen-Legende vorkommen, können Sie die entsprechenden Tabulatoren einsetzen. Bei QuarkXPress stehen Ihnen folgende Tabulatoren zur Verfügung: **Linksbündig, Zentriert, Rechtsbündig, Dezimal, Komma, Ausrichten an:**

Der Tabulator **Ausrichten an:** ist eine Besonderheit dieses Programms. Beim Erfassen von Fließtext können Sie nach einem

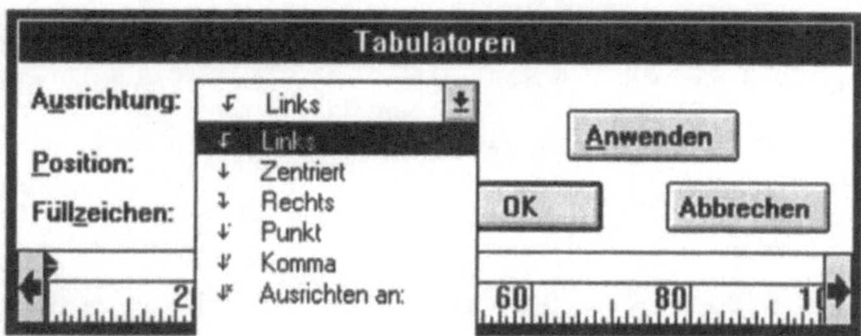

Abb. 12.3: Sie sehen alle angebotenen Tabulatoren, aufgeblendet in dem Fenster **Ausrichtung** Verschieben Sie das Fenster auf dem Monitor an die Stelle, an der Sie die Tabulatoren am besten einstellen können.

Spiegelstrich oder einer Ordnungszahl mit dieser Funktion einen Tabulator definieren, der ab dieser Schreibstelle und Position für den gesamten Absatz gilt, so lange, bis Sie ein ⏎ eingeben.

Haben Sie alle Einstellungen im Tabulator-Feld vorgenommen, bestätigen Sie die Einstellungen mit **OK**.

Verändern und Löschen der Tabulatoren

Sie sehen die Tabulatoren oberhalb der Millimetereinteilung im Tabulatoren-Fenster. Klicken Sie auf einen Tabulator, indem Sie die linke Maustaste festhalten. Ziehen Sie die Maus nach rechts, wandert im Positionsfeld der Wert entsprechend mit.

Möchten Sie einen Tabulator löschen, so klicken Sie den Tabulator an, halten die linke Maustaste fest und ziehen den Tabulator nach unten in den Bildschirm; der Tabulator ist gelöscht.

Tabellenlinien und -rahmen

Weisen die Satzanweisungen *Tabellenlinien* aus, gibt es in QuarkXPress für waagerechte Linien zwei Möglichkeiten. Sie können einmal mit dem Linienwerkzeug die waagerechten Linien ziehen und Sie können zum anderen mit dem **Befehl** Strg +⇧+N einem Absatz Linien oberhalb und unterhalb des Tex-

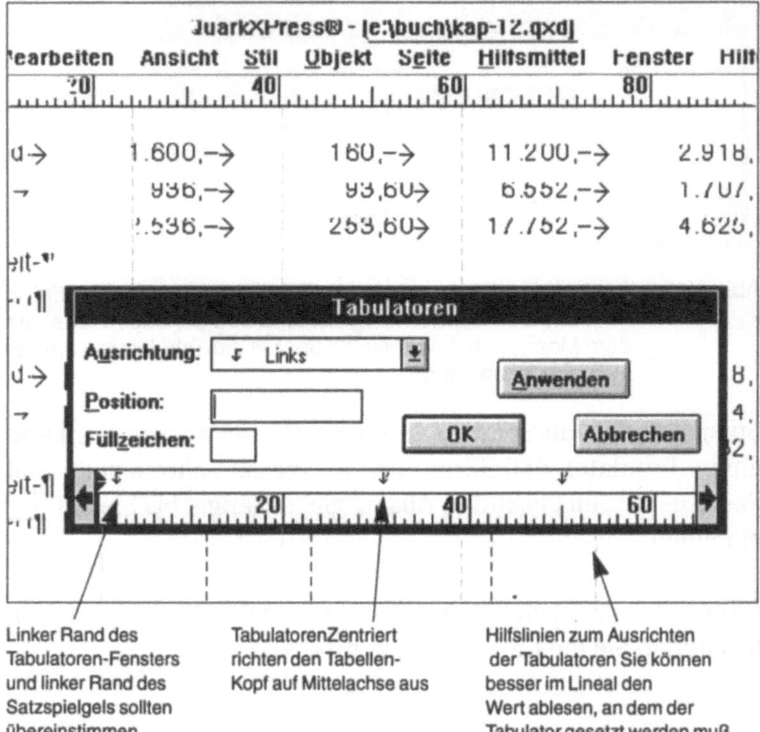

Linker Rand des Tabulatoren-Fensters und linker Rand des Satzspiegels sollten übereinstimmen

TabulatorenZentriert richten den Tabellen-Kopf auf Mittelachse aus

Hilfslinien zum Ausrichten der Tabulatoren Sie können besser im Lineal den Wert ablesen, an dem der Tabulator gesetzt werden muß

Abb. 12.4: Verwendung des Tabulatoren-Fensters zum Einstellen der Tabulatoren.

tes zuweisen. Da am Zeilenende der jeweiligen Tabellenzeile ein festes Return gesetzt wurde, handelt es sich um einen Absatz, der mit dem o.g. Befehl bearbeitet werden kann.

Bei senkrechten Linien besteht nur die Möglichkeit, mit dem Linienwerkzeug zu arbeiten. Ist genügend Platz zwischen den Spalten vorhanden, verzichten Sie auf senkrechte Linien, denn der freie Raum erfüllt den gleichen Zweck. Handelt es sich um eine geschlossene Tabelle mit einem Rahmen, können Sie dem Textrahmen einen Rand zuweisen. Hier müssen Sie beachten, daß die Schrift nicht an den Textrahmen ragt; im **Menü Stil, Formate** rufen Sie das Formate-Fenster auf, indem Sie die Ränder einstellen.

Wenn Sie die Tabelle in einen eigenen Textrahmen gestellt haben, kann der normale Text eines Buches die Tabelle umfließen, ohne Einfluß auf die Tabelle ausüben zu können. Zur Sicherheit sollten Sie die gesamte Tabelle markieren und mit dem **Befehl** Strg + L alle Tabellen-Elemente festsetzen. Eine weitere Möglichkeit bietet Ihnen das Programm im **Menü Objekte Gruppieren** an, der entsprechende Befehl für **Gruppieren** lautet Strg + G, der für **Ungruppieren** Strg + T. In jedem Falle sollten Sie eine der beiden Möglichkeiten verwenden, um sicher zu gehen, daß nicht aus Versehen eine Linie verschoben wird.

Linien und Pfeile

Wie bereits im Kapitel Tabellensatz erwähnt, gibt es zwei Möglichkeiten des Linien-Erstellens in QuarkXPress. Sie können den Absätzen Linien zuweisen, die beim Umbruch mit dem Text mitfließen oder Sie können Linien mit den Linienwerkzeugen ziehen, die als Objekte anzusehen sind. Mit dem ersten *Linienwerkzeug* ziehen Sie senkrechte und waagerechte Linien, während Sie mit dem freien Linienwerkzeug Linien in jedem Winkel ziehen können.

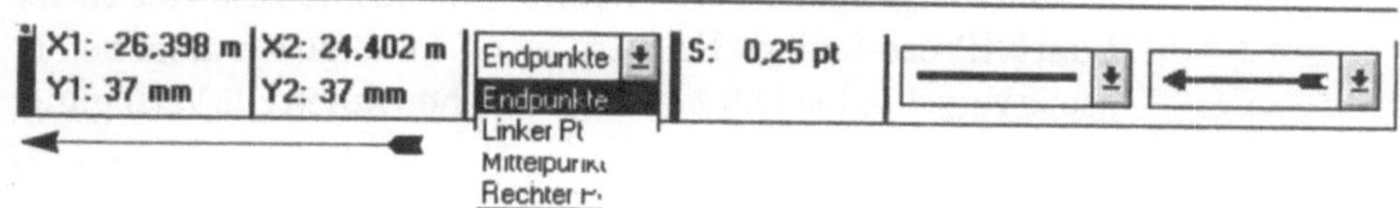

Abb. 13.1: Die Maßpalette als Ausrichtungsfenster für Linien. Haben Sie einen Pfeil definiert, wird in dem rechten Fenster die Richtung und die Art des Pfeiles angezeigt. Linienstärke und Ausrichtungspunkte zeigen die Fenster in der Mitte der Palette. Wie üblich werden in den linken äußeren Fenstern die X-Y-Koordinaten angezeigt.

Die Maßpalette für Liniengestaltung

Haben Sie eine Linie aktiviert, erscheinen an den Enden die Anfasser, in der Maßpalette können Sie in den entsprechenden Fenstern andere Einstellungen vornehmen. Die Linienart wird angezeigt. Steht der Pfeil einer Linie in die falsche Richtung, können Sie von hier aus leicht jede Änderung vornehmen.

Manuelles Bearbeiten der Linien

Jede Linie verfügt über zwei *Anfasser*. Mit dem *Objekt-Werkzeug* aktivieren Sie eine Linie, das Werkzeug ändert sich in einen Pfeil, mit dessen Hilfe Sie die Linie verkürzen oder verlängern können.

Achten Sie darauf, daß nur die Linie aktiviert ist. Überprüfen Sie, ob nicht eventuell der Textrahmen ebenfalls aktiviert ist. Wenn Sie jetzt an der Linie zögen, veränderte sich auch der Textrahmen.

Halten Sie beim Bewegen einer Linie die ⇧ -Taste gedrückt, die Linie verändert sich dann in die waagerechte bzw. senkrechte Richtung. In der Maßpalette überprüfen Sie die waagerechte bzw. senkrechte Ausrichtung der Linie und nehmen ggf. hier die Korrekturen vor.

Das Linien-Angebot

Die nachfolgenden Abbildungen demonstrieren die Vielfalt der QuarkXPress-Linien. Es werden elf Linienarten angeboten, sechs verschiedene Linien-Enden stehen Ihnen zur Verfügung.

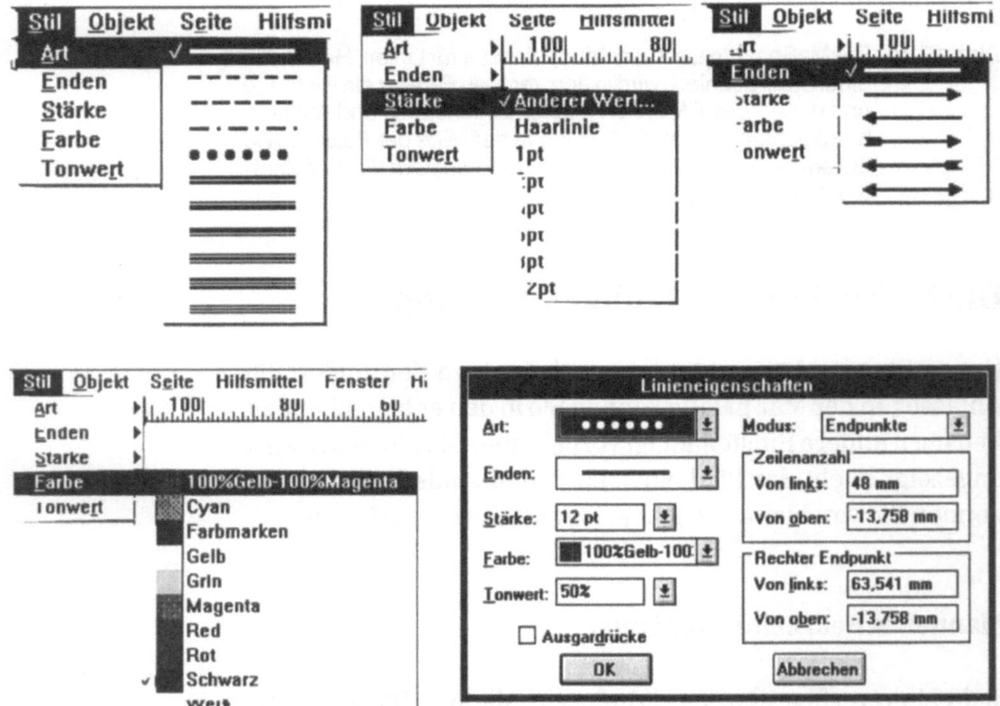

Abb. 13.2: Das Angebot der Linien zeigen die Aufblendmenüs aus dem Menü Stil auf. Das Fenster Linieneigenschaften dient der Kontrolle als Alternative zur Maßpalette. In diesem Fenster befindet sich der **Button Ausgabe unterdrücken**, der dafür sorgt, daß die Linie nicht belichtet wird.

Alle Linien können farbig und aufgerastert gedruckt werden. Die Linien-Stärken werden in der Voreinstellung in Point eingestellt, aber Sie können – wie in allen anderen Fällen auch – metrische Werte eingeben.

Speziell für DTP-Setzer wurde ein Typometer entwickelt, das auf die Besonderheiten des DTP-Maßsystems eingeht. Mit diesem Typometer lassen sich sehr gut Linien in Point und Millimeter abmessen. Eine Investition in dieses Hilfsmittels sollten Sie in jedem Falle vornehmen, achten Sie jedoch bei der Bestellung darauf, daß der Aufdruck schwarz ist. Am Anfang hat der Hersteller die DTP-Typometer mit roter Schrift hergestellt; diese sind im täglichen Gebrauch bei künstlichem Licht nicht so gut einsetzbar.

Mit einem DTP-Typometer die Linienstärke und Schriftgröße leicht bestimmen.

Verankerte Absatzlinien

Die Unterstreichungs-Funktion in DTP-Programmen ist sehr mangelhaft programmiert; eine Alternative bietet die Möglichkeit, verankerte Linien unter Absätze zu stellen. Sollen Überschriften in einer Werbebroschüre unterstrichen werden, sollten Sie diese Möglichkeit verwenden. Sie können mit dieser Methode ganze Zeilen, Wörter und einzelne Zeichen unterstreichen. Bei der normalen Unterstreichungs-Methode sind die Linien meistens zu dick, sie laufen durch die Unterlängen der Schrift und behindern die Lesbarkeit.

Normales Unterstreichen ist keine gute typografische Auszeichnungsmethode, machen Sie sich deshalb mit den nachfolgenden drei Beispielen vertraut. Wenn die Satzanweisung Unterstreichen verlangt, sind die Möglichkeiten des Definierens von Linien oberhalb und unterhalb eines Absatzes im **Linien-Fenster** vorzunehmen.

Indem Sie das Fenster Absatz-Linien auf dem Monitor so plazieren, daß Sie die Einstellungen durch Zuweisen überprüfen können, sind die Einstellungen bald durchgeführt.

1. Eine Zeile auf Blocksatz gesetzt und die ganze Zeile unterstrichen, mit einem Trick auch bei Blocksatz anwendbar, allerdings ist es mit etwas mehr Arbeit verbunden.
2. Eine Zeile linksbündig, nur ein Wort unterstrichen, das mitten in der Zeile steht.

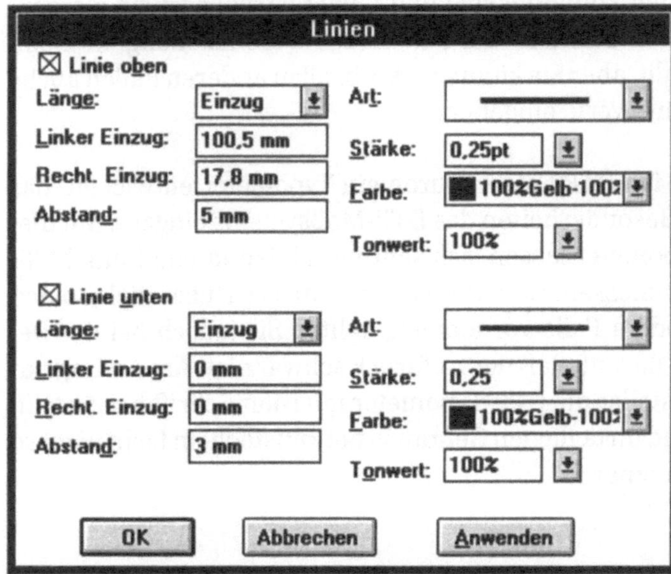

Abb. 13.3: In diesem Fenster können farbige Unterstreichungen definiert
werden, die mit der normalen Unterstreichungs-Funktion
nicht eingestellt werden können.
Sollen in einem Absatz einzelne Worte unterstrichen werden,
kann die Linie knapp unterhalb der Unterlänge eines kleinen g
eingestellt werden. Die Linienstärke kann von Haarlinie bis zur
12 pt fetten Linie vorgegeben werden.

3. Ein einzelner Buchstabe mit einer Linie versehen, um einen
    slōwakischen Akzentbuchstaben „nachzubauen".

Positionierung der Absatzlinien

Die Kapitelüberschriften dieser Broschüre sind mit Absatzlinien definiert. Je nachdem, ob Sie Linien oberhalb oder unterhalb eines Absatzes definieren, das Programm rechnet von der
Schriftlinie aus. Die Abstände müssen also unterschiedlich ausfallen, wenn Sie einen Absatz – eine Zeile in einem Tabellenkopf
– mit einer Linie darüber und darunter definieren möchten. Soll
der Text auf Mitte zwischen den Linien stehen, sind die Eingaben entsprechend der Schriftgröße zu berücksichtigen.

Stellen Sie alles in Millimeter ein, wenn Sie es gewohnt sind, mit
Millimetern zu arbeiten, aber es dürfen auch Cicero sein.

Plazieren Sie das Arbeitsfenster so auf dem Monitor, daß Sie, nachdem Sie den Anwenden-Button angeklickt haben, sehen können, wie sich Ihre Anweisung auf die Schrift ausgewirkt hat. Arbeiten Sie mit ¼-Millimeter oder Punkten, um exakte Einstellungen zu erreichen.

Probieren Sie aus, in welchem Vergrößerungs-Maßstab die Einstellungen am besten zu kontrollieren sind. Den endgültigen verbindlichen Eindruck erhalten Sie allerdings erst nach einem Laserausdruck. Die Darstellung des Monitors entspricht 95% der Realität, das heißt mit anderen Worten: Sie dürfen der Darstellung des Monitors nicht vertrauen, hat die Mattscheibe eine starke Krümmung, trägt dieses ebenfalls zur Verfälschung bei.

Das Aufheben der Einstellungen erfolgt darin, den Button **Linie oben, Linie unten** an- oder auszuklicken.

Grafiken und Bilder

In QuarkXPress kommen vier verschiedene Bildrahmen vor, in die Sie eingescannte Bilder, mit einem Grafik-Programm selbst angelegte Bilder , sogenannte Clipart-Konserven aus der Freeware- oder Shareware-Ecke, Geschäftsgrafiken aus einer Tabellenkalkulation, Halbtonbilder in Schwarz-Weiß-Manier oder Farb-Bilder von einer EBV-Anlage plazieren können. Grundvoraussetzung ist, in den Ursprungsprogrammen müssen die Dateien in einem Format abgelegt werden, für das QuarkXPress die notwendigen Filter besitzt.

Es werden zahlreiche Filter mitgeliefert, die bei der Installation in den XPress-Ordner gestellt werden. Fast alle Bildformate werden unterstützt. Sogar Bilder vom Macintosh können mühelos importiert werden. Bei einem Macintosh müssen Sie darauf achten, daß das Quellprogramm die Datei für einen MS-DOS-PC abspeichert. Sollte das Programm diese Option nicht vorweisen, kann es zu Inkompatibilitäts-Problemen kommen. Mit anderen Worten, QuarkXPress kann das Format nicht erkennen, nicht alle Bildformate sind genormt, je nach Programm-Anbieter unterscheiden sich die Bildformate.

Da aber die Welten zwischen Macintosh und den Windows-Programmen immer kleiner werden, ist der Datentransfer vom Macintosh zu Windows fast kein Problem mehr. Zur Zeit kann QuarkXPress für Windows mühelos Dateien vom Macintosh einlesen. Der Weg umgekehrt funktioniert allerdings noch nicht. Sicherlich wird es nicht mehr lange dauern, so daß auch der umgekehrte Weg beschritten werden kann. Besitzen Sie einen Scanner für Ihren Macintosh, können Sie diesen auch für ein zweites DTP-System unter Windows einsetzen.

QuarkXPress 3.2 soll eine bessere Datenaustausch-Option beinhalten.

Die unterschiedlichen Bildrahmen

Die Bildrahmen-Werkzeuge weisen insgesamt vier unterschiedliche Instrumente aus. Sie können Rechtecke, Rechtecke mit abgerundeten Ecken, Ovale und Vielecke (Polygone) erstel-

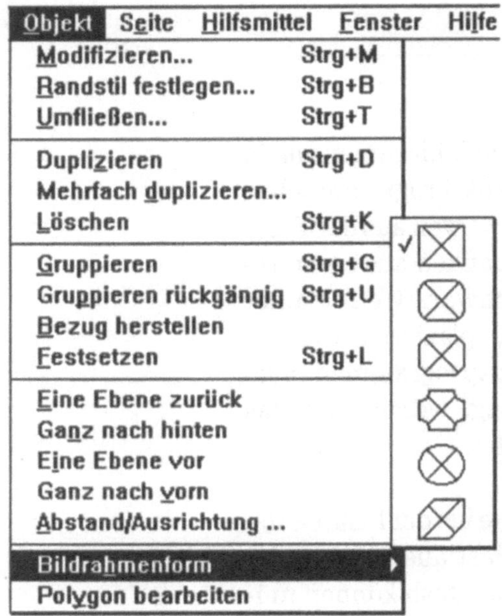

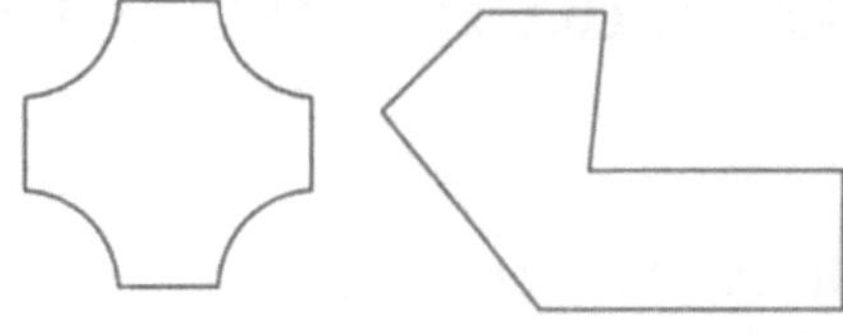

Abb. 14.1:
Zusätzlich zu den Rahmenwerkzeugen verbirgt sich im Menü Objekte ein weiterer Bildrahmen. Polygone können genauso abgeändert werden wie jeder andere Rahmen.
Im **Menü** ⌷Strg⌷ + ⌷M⌷ finden Sie die Einstellmöglichkeit, den Eckradius der runden Ecken entsprechend Ihren Vorgaben zu ändern. Kommen zahlreiche Bilder vor mit runden Ecken, nehmen Sie bereits in den Voreinstellungen für alle Bilder die Einstellung des Eckradius vor.

len. Im Fenster Bildeinstellungen **Befehl** ⌷Strg⌷ + ⌷M⌷ gibt es noch eine Besonderheit, die bisher noch nicht angesprochen wurde. Es handelt sich um die Einstellmöglichkeit des **Eckenradius**. Wie immer können Sie über die Voreinstellungen den Eckenradius für alle runden Ecken vordefinieren oder aber im Nachhinein in diesem Fenster Änderungen vornehmen. Bei Ovalen legen Sie hiermit die Krümmung fest.

Nur mit einem Polygon-Werkzeug können Sie eine Treppe in einem Layout-Programm erzeugen.

Da QuarkXPress an erster Stelle ein Layout-Programm für Akzidenzen ist, bietet es gerade für Bilder noch weitere Rahmen an, die in der Abbildung 14.1 dargestellt werden. Das beachtenswerteste aller Bildrahmen ist das Polygon. Mit diesem Werkzeug lassen sich Rasterflächen anlegen, die Sie sonst in keinem anderen vergleichbaren Programm erstellen können, Sie benötigen für viele Anwendungen kein zweites Mal- oder Grafik-Programm.

Die Vielfalt der Rahmenarten

Möchten Sie ein **Rechteck** erstellen, ziehen Sie mit dem ersten Bildrahmen-Werkzeug einen rechteckigen Rahmen auf. Wollen Sie ein **Quadrat** erstellen, halten Sie beim Aufziehen des

Name	Seite	Typ	Status
d:\pstyler\birdgray.tif	120	TIFF	fehlt
e:\buch\screens\kap-01b\ole.tif	123	TIFF	fehlt
e:\buch\screens\kap-01b\helicopt.eps	124	EPSF	fehlt
e:\coreldrw\photopnt\beispiel\balloon.pcx	124	PCX	fehlt
c:\winword\clipart\ambulanz.wmf	124	WMF	OK

Bildübersicht — Aktualisieren — Zeigen

Abb. 14.2: Im Fenster Zubehör befindet sich die Option Bildübersicht. Eine guteInformation über die Bilder und deren Bildformate. Bevor Sie Ihr Dokument zum Belichten geben, sollten Sie hiermit überprüfen, ob alle Bilder vorhanden sind und die Verknüpfung zum Bilddokument eingestellt ist. Fehlen Bilder, weil einige ausgetauscht wurden, wird die Belichtung ein kostspieliger Prozeß.

Rahmens die ⬆-Taste fest. Auf die selbe Art und Weise erstellen Sie einen Kreis, Sie wählen das Oval aus, halten die ⬆-Taste fest, es entsteht ein Kreis.

Mit den Rahmenwerkzeugen – vor allem mit dem Polygon-Werkzeug – lassen sich in QuarkXPress Grafiken anlegen. Sie können Rasterfelder definieren, die viele Ecken besitzen, ohne das Programm verlassen zu müssen. Selbst dreidimensionale Rahmen können Sie konstruieren.

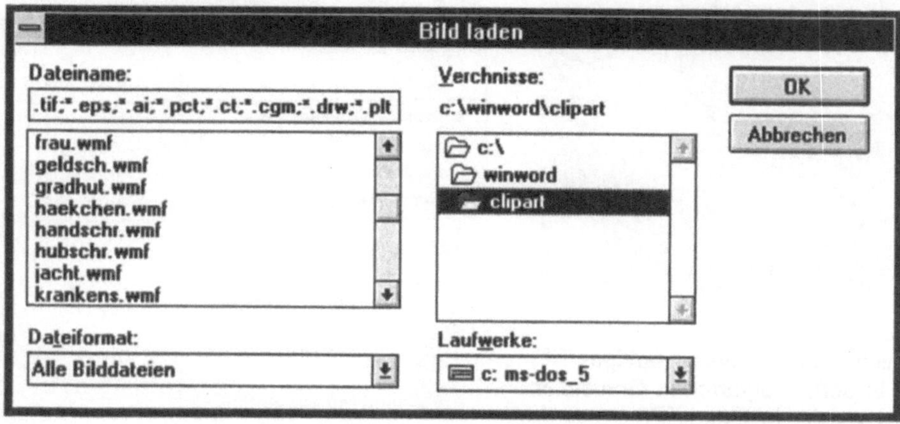

Abb. 14.3: Wenn Sie die Option **Alle Filter** anzeigen auswählen, dann erkennt das Programm alle Bildformate, für die ein Filter vorhanden ist. Sie müssen nicht den ewentuell richtigen auswählen, das Programm erledigt es für Sie.

Bildrahmen

Linker Rand:	0,393 mm	Bildbreite:	80%
Oberer Rand:	24,281 m	Bildhöhe:	80%
Breite:	55,74 mm	Horiz. Versatz:	0 mm
Höhe:	40,775 m	Vertik. Versatz:	-0,529 mm
Rahmenwinkel:	0°	Bildwinkel:	0°
Eckenradius:	0 mm	Bildneigung:	0°

☐ Bildausgabe unterdrücken
☐ Ausgabe unterdrücken

Hintergrund
Farbe: | *Nicht*
Tonwert: 100%

[OK]   [Abbrechen]

Abb. 14.4:
In diesem Fenster werden alle Parameter eines Bildfensters eingestellt. Wählen Sie einen farbigen Hintergrund, wenn Sie eine Grafik überlagern wollen. Wählen Sie keinen Hintergrund, ist die Abbildung transparent. Verkleinerungen können bis zu 25% eingestellt werden. Geben Sie unterschiedliche Werte für Breite und Höhe ein, verzerren Sie die Abbildung.

Mit der Windows-Version liefert QuarkXPress zahlreiche Filter mit, die dafür sorgen, daß eingescannte Bilder und Grafiken aus anderen Programmen in das zu bearbeitende Dokument plaziert werden können. Selbst Filter für Plotter von HP werden mitgeliefert. In der Aufstellung (Seite 130) sind alle mitgelieferten Bild- und Grafik-Filter aufgeführt, aus einigen Programmen sind einige Beispiele plaziert worden, um zu demonstrieren, daß in diesem Bereich QuarkXPress bemerkenswerte

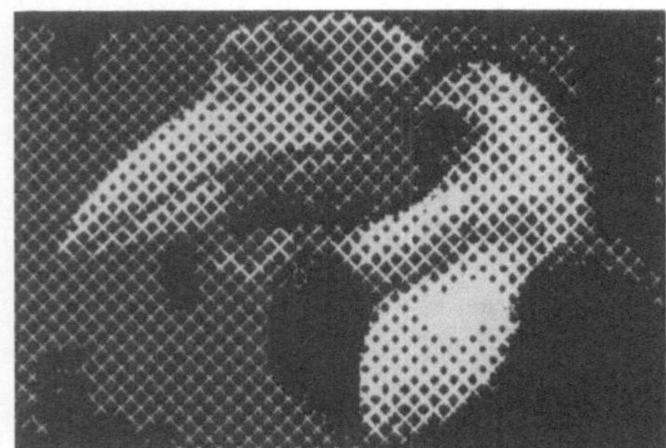

Abb. 14.5:
Ursprünglich war der Vogel ein farbiges TIF-Bild, das in dem Programm in Graustufen konvertiert wurde. In QuarkXPress wurde das Bild verändert, wie aus dem nebenstehenden Menü zu erkennen ist. Die Manipulationsmöglichkeiten sind sehr umfangreich, es lassen sich damit groteske Effekte erzielen.

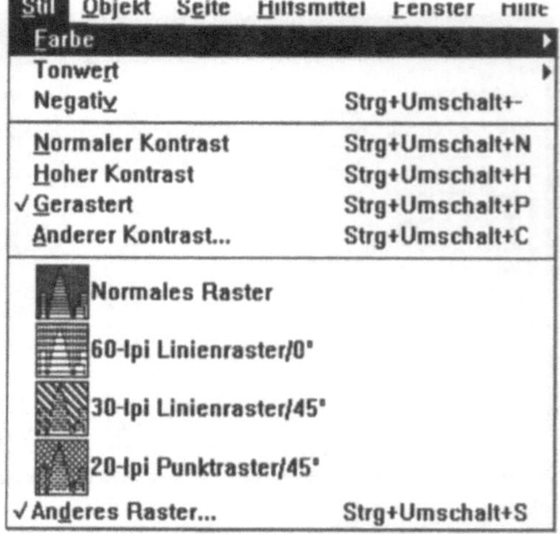

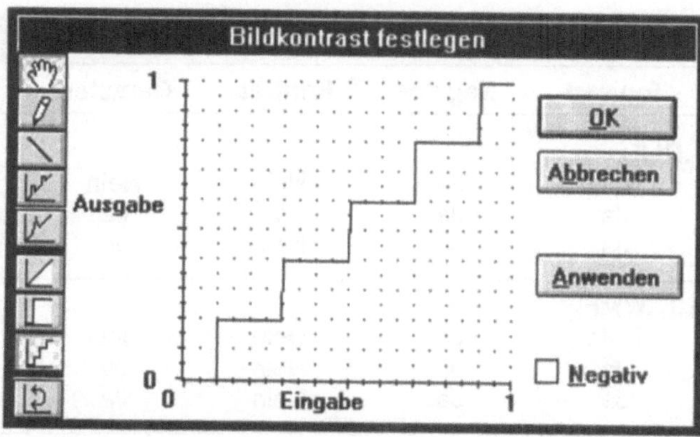

Abb. 14.6: Das obige Bild demonstriert die Vielfalt der Einstellmöglichkeiten für Halbtonbilder. Aber auch hier gilt ein physikalisches Gesetzt: wo kein Kontrast vorhanden war, läßt sich auch kein Kontrast „herbeizaubern". Die Qualität des Originals ist entscheidend für das Endergebnis. Nur eine gute Vorlage erzielt ein gutes Druckergebnis.

Stärken aufweist. Die Bildverwaltung und Kontrolle ist ein weiterer wichtiger Aspekt bei allen Layout-Programmen. In Abbildung 14.2 wird gezeigt, wie Sie als Anwender den Überblick behalten können, wenn Ihr Werk mit zahlreichen Bildern ausgestattet ist.

So positionieren Sie ein Bild

Nachdem Sie einen Bildrahmen aufgezogen haben, wechseln Sie zum Einfüge-Werkzeug, der Schreib-Cursor und die Verschiebehand muß aktiv sein. Nun können Sie mit dem **Befehl** (Strg) + (E) das Menü für den Bild-Import aufrufen. Ist ein anderes Werkzeug aktiviert, ist es unmöglich, Bilder zu importieren. Eingescannte Bilder im EPS-Format können nicht mehr verändert werden. Wenn Sie Halbtonbilder verarbeiten müssen, wählen Sie das TIFF-Format. Die Bildbearbeitungs-Programme, wie *IPhoto* oder der *PSStyler* und *CorelDraw3.0* unterstützen das TIFF-Format. Wollen Sie in QuarkXPress noch Veränderungen an einem Halbtonbild vornehmen, gelingt dieses nur im TIFF-Format.

Am Bild 14.5 wurden Einstellungen vorgenommen, die in der Praxis nicht vorkommen, jedoch zur Demonstration ist diese Übertreibung gut geeignet. In der Praxis sollten Sie die einge-

Die Bildimport-Filter

Bildart	Farbe	Tonwert	Negativ	Kontrast	Gerastert
Bitmaps (.BMP, .DIB, .GIF, .PCX, .RLE)					
Farbe	Nein	Nein	Ja	Nein	Nein
Halbton	Ja	Ja	Ja	Ja	Ja
Strichmanier	Ja	Ja	Ja	Nein	Ja
Metafiles (.CGM, .DRW, .PCT, .PLT, .WMF)					
Farbe	Nein	Nein	Ja	Nein	Nein
Halbton	Ja	Ja	Ja	Nein	Ja
Strichmanier	Ja	Ja	Ja	Nein	Ja
Escapsulated					
PostScript (.EPS)	Nein	Nein	Nein	Nein	Nein
TIFFS (.CT, .TIF)					
Farbe	Nein	Nein	Ja	Nein	Nein
Halbton	Ja	Ja	Ja	Ja	Ja
Strichmanier	Ja	Ja	Ja	Nein	Ja

scannten Abbildungen fertig übernehmen und nicht in Quark-XPress aufrastern.

Formatänderungen

Beim Einladen der Bilder lassen sich die Formate ändern:

1. Wollen Sie eine TIFF-Halbtonvorlage in eine TIFF-Strichzeichnung umwandeln, halten Sie beim Laden die Strg-Taste gedrückt.

2. Halten Sie beim Laden eines Farb-TIFFs die Strg-Taste gedrückt, wird das Bild in ein TIFF-Graustufenbild umgewandelt.

3. Wollen Sie die Auflösung eines TIFF-Bildes von 36 auf 72 dpi erhöhen, halten Sie die ⇧-Taste während des Ladens gedrückt.

Die Grundvoraussetzung für diese Einstellung ist natürlich, daß Ihnen die Originaldatei zur Verfügung steht, denn sonst wird lediglich beim Ausdrucken eine PICT-Darstellung zum

Belichter geschickt, Zum Belichten müssen alle Bilddateien mitgeliefert werden, geht der Pfad verloren, müssen alle Verknüpfungen neu eingestellt werden.

WICHTIG: Sorgen Sie dafür, daß die Umbruchdatei maximal 1,2 MB groß ist, denn dann hat sie noch auf einer Diskette Platz. Zum Belichten sollten die Bilddateien und die Satzdatei in einem Ordner stehen. QuarkXPress merkt sich dann den Pfad, das Belichtungs-Institut ist nicht gezwungen, alle Verknüpfungen neu vorzunehmen.

Abb. 14.7:
Die obenstehende Abbildung ist ein vierfarbiges TIFF-Bild aus dem Programm Photoshop vom Macintosh. Beim Laden wurde die [Strg]-Taste festgehalten, das Bild wurde automatisch in ein Schwarz-weiß-Graustufenbild umgewandelt.
Die Ursprungsdatei bleibt eine vierfarbige Datei, die Sie an anderer Stelle farbig verwenden können. Nehmen Sie keine Rastereinstellung vor, wenn beim Belichten die Einstellungen an einer Linotronic voreingestellt sind. Das gilt auch für das Spiegeln der Datei, im Druckmenü wird das Spiegeln ignoriert, wenn die Linotronic automatisch den Film für den Offsetdruck belichtet.

Bildbearbeitung und OPI

Im **Menü Objekt** und im **Menü Stil** nehmen Sie die Einstellungen der Bilder vor. Bei EPS-Bildern können Sie lediglich die Plazierung und die Größe einstellen. In den meisten Fällen handelt es sich um Bilder, die mit einem Grafik-Programm, wie zum Beispiel *Arts&Letters, CorelDraw, Designer, Ilustrator* oder *Freehand* angelegt wurden. Die anderen Bildformate unterliegen unterschiedlichen Bearbeitungsmöglichkeiten.

WICHTIG: Halbtonbilder sollten Sie in QuarkXPress nicht drehen, denn in den meisten Fällen werden Halbtonbilder belichtet, die Rechenzeiten bei einer Auflösung von 2400 dpi gehen enorm in die Höhe. Drehen Sie die Bilder in *Photoshop* oder in *CorelDraw*, so daß der Belichter den Rechenprozeß nicht durchführen muß.

Konturenführung

Im Menü Objekte Umfließen (Strg) + (T) nehmen Sie die Einstellungen vor, wie Text den Bildrahmen umfließen soll. Aber auch Textrahmen, die innerhalb eines anderen Textrahmens stehen, können mit dem Umfließen-Befehl eingestellt werden.

Umfließen des Rahmens

Klicken Sie ein Bild in einem Textrahmen an, rufen Sie mit dem **Befehl** (Strg) + (T) das Menü auf und nehmen Sie die Einstel-

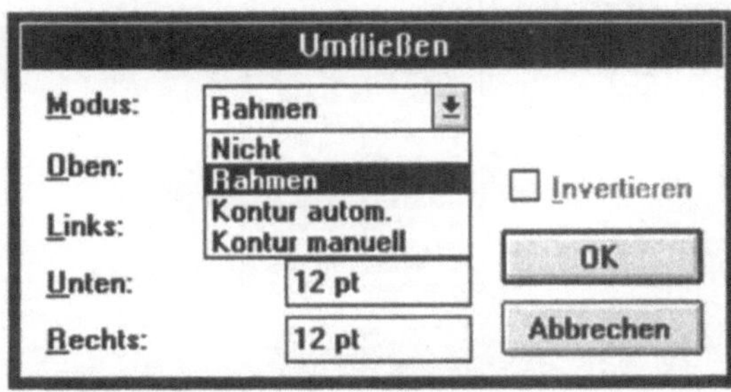

Abb. 15.1:
Der Bildrahmen und der Textrahmen soll den Text verdrängen, die Einstellungen für den Raum über und unter den beiden Rahmen sollte derselbe sein.

lungen vor. Die Abstände innerhalb eines Werkes sollten zwischen Bildbegrenzung und Text immer die selben sein. Unterschiedliche Abstände dokumentieren unprofessionelles Arbeiten. In der Regel ist es eine Leerzeile, die als Abstand verwandt wird. Verwenden Sie die Hilfslinien für die Schriftlinie, um den Abstand gleichmäßig zu erreichen. Arbeiten Sie in einem möglichst großen Darstellungs-Modus, ggf. in 400%, wenn Sie exakte Einstellungen am Bildschirm vornehmen wollen. Haben Sie in den Feldern **Oben, Links, Unten** und **Rechts** die Einstellungen vorgenommen, kontrollieren Sie die Abstände zwischen Bild und Text.

QuarkXPress beherrscht nur einen einseitigen Konturensatz, steht das Bild mitten im Fließtext, erscheint an einer Seite kein Text. Stellen Sie ein Bild in einen dreispaltigen Text, ist dies un-

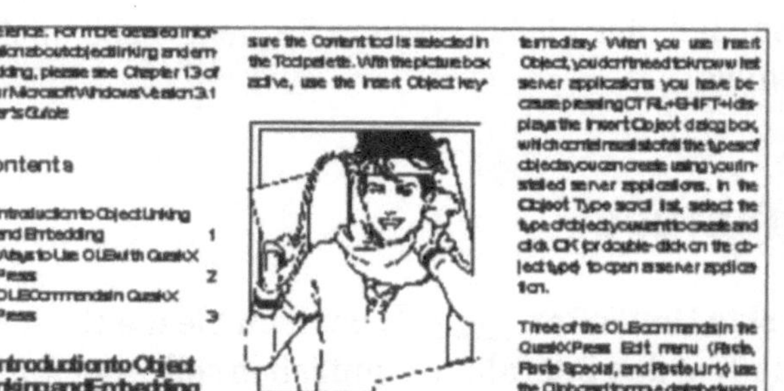

Abb. 15.2: Konturenführung um einen Rahmen bei einem dreispaltigem Text.

Abb. 15.3: Die Einstellung der Konturenführung im manuellen Modus.

problematisch, der Bildrahmen ist so groß wie die Textspalte, der Text wird oben und unten verdrängt, der Abstand seitlich zum Text ist durch den Spaltenabstand vorgegeben.

Automatische Konturenführung

Wählen Sie die Option **Kontur Automatisch**, umfließt der Text die Grafik bzw. das jeweilige Objekt. Sie stellen den Abstand ein, in dem der Text das Objekt umfließen soll. Klicken Sie mit dem Zeige-Werkzeug auf den Textrahmen, das Ergebnis wird angezeigt.

Manuelle Konturenführung und Farbverläufe

Möchten Sie eine automatische Konturführung beibehalten, aber die Kontur nach Ihrem persönlichen Geschmack bearbei-

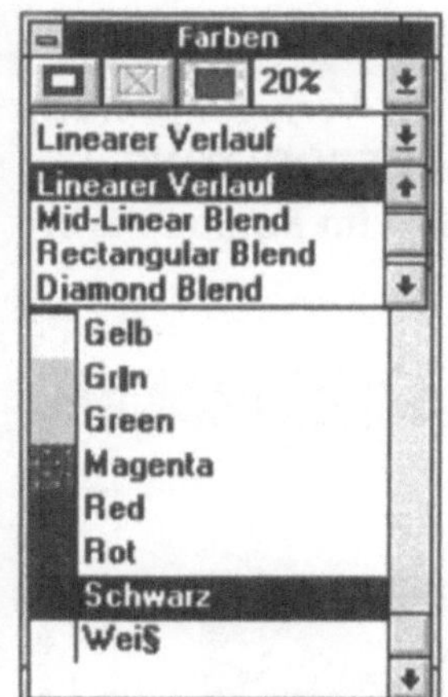

Abb. 15.4:
In der Farbpalette können Ränder, Bildinhalte und Hintergründe farbig angelegt werden. Für Hintergründe sthen sechs Verläufe zur Wahl, jeder Verlauf kann mit zwei Farben definiert werde. Für den Laserdrucker sind die Verläufe einfarbig Schwarz angelegt, die Darstellung entspricht der Reihenfolge in der Palette.
In der Eile hat man vergessen, die Begriffe für die Verläufe einzudeutschen.

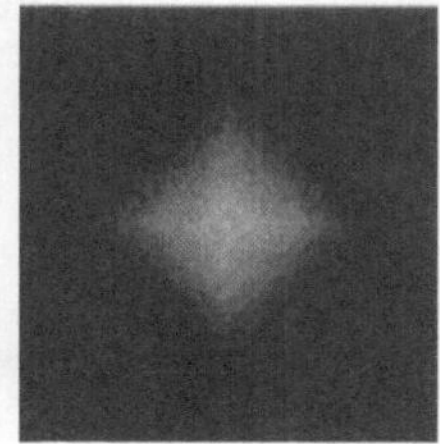
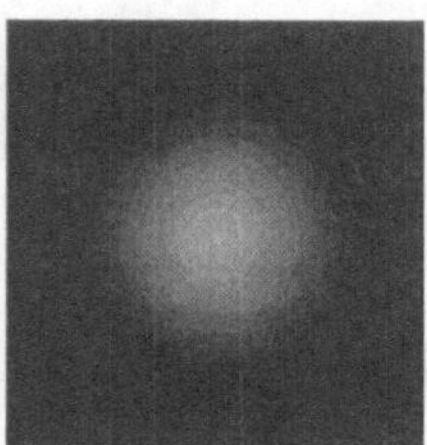
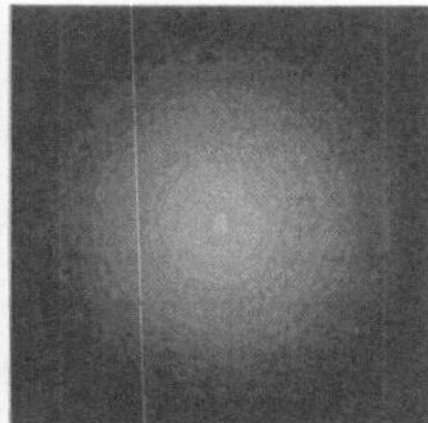

Abb. 15.5: Sowohl Bildfenster als auch Textrahmen können mit einem Verlauf versehen werden. Der Verlauf kommt natürlich dann sehr gut zur Geltung, wenn der Druck farbig ausgeführt wird.

ten, wählen Sie **Kontur Manuell**. Der Text wird von einem Rahmen umflossen, den Sie wie ein Polygon bearbeiten können. Es erscheinen Griffe, mit denen Sie die Kontur verändern können. Sie können Griffe löschen und hinzufügen, der Text paßt sich der neuen Konturenführung an. Halten Sie die Leertaste beim Bearbeiten fest, verhindern Sie das ständige neue Aufbauen des Bildschirmes, nachdem Sie die Maustaste losgelassen haben, baut sich der aktuelle Bildschirm auf.Die Darstellung eines farbigen Verlaufs am Bildschirm ist abhängig vom Bildschirm und der Farbgrafik-Adapterkarte.

Einfärben von Bildern

Das Einfärben von Bildern geschieht über das selbe Fenster wie beim Definieren der Verläufe. Als Farbpalette bietet Quark-XPress nachfolgende Möglichkeiten, die in der Abbildung 15.5 dargestellt werden.

Die Pantone-Palette kann bei Letraset erworben werden, so daß Sie für den späteren Offsetdruck auf einem Papiermuster den entsprechenden Farbton wählen können.

Es stehen Ihnen folgende Farbmodelle zur Verfügung: **HSB, RGB, CMYK, PANTONE, TRUMATCH** und **FOCOLTONE**. Die einzelnen Farbpaletten werden ausführlich im Kapitel Farbiges Gestalten beschrieben.

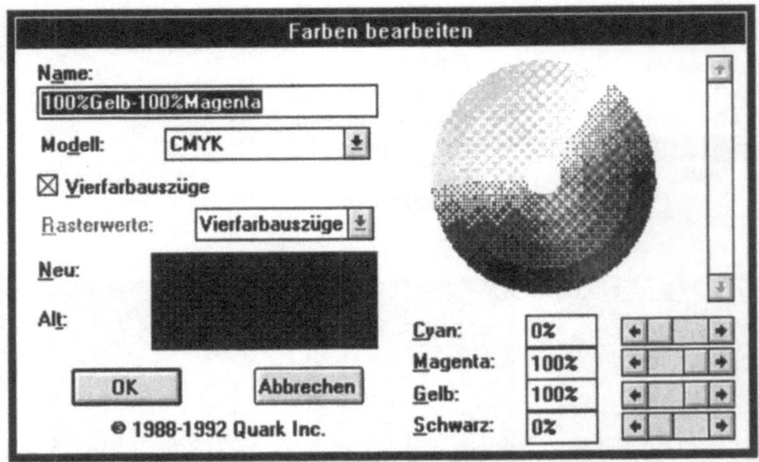

Abb. 15.5:   In dem Farbbearbeitungs-Fenster haben Sie die Möglichkeit, in den angebotenen Farbpaletten Ihre gewünschte Farbe auszuwählen.

Das Open Prepress Interface (OPI)

Mit der Programm-Version 3.1 ermöglicht QuarkXPress die Anbindung an die Elektronische Bild Verarbeitung (EBV). Bei einfachen Schwarz-weiß-Arbeiten werden in zunehmendem Maße DTP-Flachbrett-Scanner eingesetzt. Scanns in Strichmanier und in Halbton-Manier werden in sehr vielen Fällen von einer Laserbelichter-Einheit, einer Fotosatzbelichtungs-Maschine, belichtet. Die Auflösung mit 2450 lpi ermöglicht ein 60er Raster.

Die traditionellen Anbieter für Bildverarbeitungs-Anlagen, wie *Hell, Crossfield, Scitex* und *Dainippon* haben eine Schnittstelle geschaffen, die es ermöglicht, QuarkXPress-Dateien zu einem EBV-System zu schicken. Worin ist hier der Vorteil zu sehen? Bis vor kurzem erreichten die DTP-Flachbrett-Scanner nicht die Qualität und die Schnelligkeit, mit der eine Groß-EBV-Anlage arbeitet. Die Groß-EBV scannt farbige Bildvorlagen mit 24 bit Farbtiefe ein. Es können vor allem auch Kleinbild-Dias im Format 24 x 36 mm verarbeitet werden. Bisher war kein DTP-Flachbrett-Scanner in der Lage bei diesen Bildern ein gutes Ergebnis zu erzielen.

Zusammenarbeit mit einer Lithoanstalt

In der Vergangenheit war es selbstverständlich bei einem Lithographen die Bilder reproduzieren zu lassen. Man konnte sicher sein, daß Qualität dafür sorgte, daß beim Druck keine Probleme entstanden. Die Text-Bild-Integration am Monitor eines Macintoshs und nun auch an einem PC machen es möglich, daß Text und Bilder in einer Filmebene belichtet werden können. Der Vorteil liegt darin, daß das aufwendige Montieren vor der Plattenherstellung entfällt, und somit kostbare Stunden eingespart werden.

Je nach Auftrag und Anzahl der Bilder und je nach Druckverfahren, müssen Sie vorher überlegen, welchen Weg Sie einschlagen, um Ihr farbiges Dokument so rationell wie möglich zu erstellen. Bei umfangreichen und großen Motiven ist der Weg zur traditionellen Lithoanstalt empfehlenswert. Die

Scanner besitzen große Speicher-Einheiten, die Sie an Ihrem DTP-System sehr wahrscheinlich nicht besitzen, oder nur durch aufwendige Investitionen erhalten.

An den EBV-Anlagen sitzen erfahrene Fachleute, die ein farbiges Dia besser bewerten können als jeder andere. Eine Datei in der Größe einer DIN A4-Seite (vierfarbig eingescannt mit 24 bit Farbtiefe und 300 dpi Auflösung) benötigt ca. 42 MB Speicherplatz, das übersteigt bereits die Kapazität einer Cartridge mit 40 MB Kapazität. Mittlerweile erhalten Sie Cartridge-Laufwerke mit 88 MB sowie Optische CD-Laufwerke mit 128 MB Kapazität.

Handelt es sich um die Titelseite einer Zeitschrift und werden womöglich mehrere Fotos verwandt, so steigt der Speicherbedarf in horrendem Maße. Aus diesem Grunde ist es besser, die Dateien in der Lithoanstalt zu verwahren.

Für Ihre Arbeit liefern Sie eine Cartridge, auf der die Lithoanstalt die „Rohdaten" der farbigen Bilder kopiert. Sie bauen Ihre QuarkXPress-Datei auf und stellen Text und Bilder sowie farbige Hintergrundverläufe zusammen, wie es das Layout verlangt. Ist die Datei druckreif, findet die Belichtung in der Lithoanstalt statt und nicht wie sonst üblich im Service-Büro für Belichtungen.

Vorbereitung der Dias

Bearbeiten Sie ein Werk, bei dem die zu reproduzierenden Fotos Dias sind, sollten Sie für die Lithoanstalt das jeweilige Foto mit einem Transparentdecker versehen, auf dem Sie den Ausschnitt anzeichnen und das Hauptmotiv mit einem weichen Bleistift konturieren. Jedes Bild muß eine Bildnummer erhalten, die mit dem Bild im Layout übereinstimmt. Der Verkleinerungs- oder Vergrößerungsmaßstab muß angegeben werden, damit das Motiv in der endgültigen Größe reproduziert wird. Die Lithoanstalt erhält von Ihrem Layout ein Duplikat, so daß die Angaben überprüft werden können.

Die QuarkXPress-Datei aus der Lithoanstalt

Die Bilder werden Ihnen als „Zwischendatei" zur Weiterverarbeitung zur Verfügung gestellt. Sie plazieren die Bilder in Ihre Datei, die Bilder können Sie beschneiden und verändern, immer im bezug auf den Ausschnitt, der Ihnen vorliegt. In die Bilder können Sie Texte plazieren. Wird die Schrift negativ weiß, so muß als Farbe 1% Gelb angegeben werden, damit die Schrift negativ weiß durch alle vier Filme durchkopiert wird. Die verwendeten Schriften müssen der Lithoanstalt zur Verfügung gestellt werden, damit sichergestellt ist, daß auch alle Fonts belichtet werden.

ACHTUNG: Bei weißen negativen Schriften 1% Gelb einstellen!

Das Endprodukt aus der Lithoanstalt

Sie erhalten seitenglatte Filme mit Passermarken und einen Andruck für den Offsetdrucker. Beim Schreiben der Filme kann die Lithoanstalt Rücksicht auf das Druckverfahren nehmen, ein sehr wichtiger Aspekt, wenn der Reiseprospekt oder die Anzeige im Tiefdruckverfahren gedruckt werden soll. In der Lithoanstalt erfahren die Bilder eine professionelle Kontrolle, die gewährleistet, daß beim Druck keine Probleme auftreten können.

Der größte Vorteil ist jedoch darin zu sehen, daß Sie die Dateien nicht archivieren müssen. In der Lithoanstalt werden Bandlaufwerke eingesetzt, die 8 mm Videobänder verwenden, so daß die eingescannten Bilder Ihnen und Ihrem Auftraggeber auch später zur Verfügung stehen.

Verwendung von Bibliotheken

Ein Modul besitzt QuarkXPress, in dem es sich von anderen
Layout-Programmen unterscheidet. Sie können mit QuarkX-
Press eigene Bibliotheken anlegen, in die Sie immer wieder-
kehrende Elemente deponieren können.

Allgemeines

Sie können in der Bibliothek Texte, Grafiken oder Bilder hinterlegen, die durch einfaches Kopieren an jeder Stelle Ihres Dokumentes plaziert werden können. Ob es sich um einzelne Textzeilen oder ganze Gruppen von Objekten handelt; durch einfaches Ziehen stehen diese Elemente in Ihrem Dokument. Sie
können beliebig viele Bibliotheken anlegen. In einer Bibliothek
können bis zu 2000 Einträge vorgenmommen werden. Quark-
XPress legt eine Datei an, auf dem Monitor wird die Bibliothek
als Palette dargestellt.

Anlegen einer Bibliothek

Im Menü Hilfsmittel rufen Sie das Fenster Bibliothek auf, Sie
können jetzt eine neue Bibliothek anlegen oder eine bereits

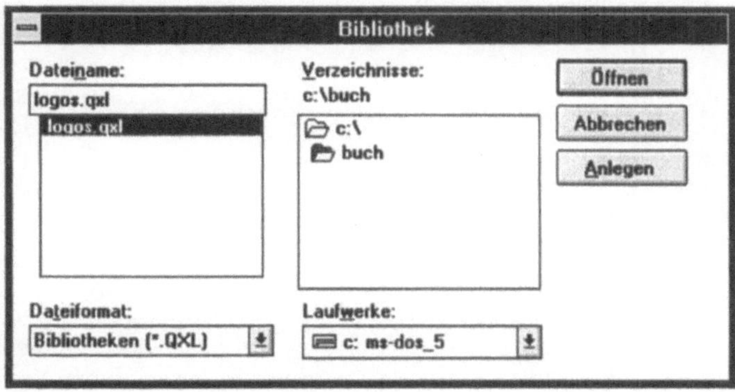

Abb. 16.1:   Für jeden Auftrag bzw. für jeden Kunden können Sie eine Bibliothek anlegen, aus der Sie immer wiederkehrende Elemente entnehmen können.

vorhandene öffnen. Die Bibliothek kann an beliebiger Stelle auf der Festplatte stehen. Sie können auch Bibliotheken bereits erledigter Aufträge verwenden. Haben Sie eine Bibliothek angelegt, öffnet sich eine Palette, die vom Aussehen her sehr an die Stilvorlagen-Palette erinnert.

Eine Bibliothek erkennen Sie am Datei-Zusatz, die Endung lautet: **name.qxl**. Wählen Sie ein Bild aus, das in die Bibliothek gestellt werden soll, markieren Sie das Bild mit dem Zeigewerkzeug, ziehen Sie es in die Palette. Das Bild ist nun in der Bibliothek und Sie können in der Palette das Motiv erkennen. Sie sehen in verkleinerter Form die Darstellung des Bildes. Wollen Sie Text in die Bibliothek stellen, so muß dieser in einem Textrahmen stehen, damit Sie mit dem Zeigewerkzeug den Textrahmen in die Bibliotheks-Palette ziehen können.

Der Weg ins Dokument und zurück ist denkbar einfach: Sie ziehen aus der Palette in Ihr Dokument das Element heraus, es steht Ihnen zur Weiterverarbeitung zur Verfügung.

Abb. 16.2:   Anstelle der Zwischenablage stehen Ihnen die Eintragungen in Bibliotheken so lange zur Verfügung, bis Sie die Bibliothek löschen.
Mit dem Tastaturkürzel Alt + H O öffnen Sie und schließen Sie die Bibliotheks-Palette.

Farbiges Gestalten

QuarkXPress hat in Setzereien, Druckereien und Werbeateliers seinen Siegeszug bei den Macintosh-Anwendern hinter sich, weil es im Gestalten mit Farben das erste professionelle Programm war. Erst mit QuarkXPress ist das Belichten – ohne Zusatzprogramme – von vierfarbigen Dokumenten mit den Prozeßfarben Cyan, Magenta, Gelb und Schwarz möglich.

Beim Gestalten ist es möglich, Schrift, Linien, Ränder und Objekthintergründe farbig anzulegen und importierte TIFF- oder PICT-Bilder farbig einzufärben sowie diesen Rasterwerte zuzuweisen.

Schmuckfarben und Prozeßfarben

Schmuckfarben sind Volltonfarben, wie zum Beispiel *HKS-Farben, Pantone-Farben* und *Folcone-Farben*, die mit der Windows-Version mitgeliefert werden. Die Farbpalette HKS umfaßt ca. 84 Farbwerte, der Einsatz von HKS-Farben ist in der deutschen Druckindustrie ein Quasi-Standard. Legen Sie als Grafik-Designer Ihrem Kunden einen farbigen Entwurf vor, und kleben neben den farbigen Teilen Ihres Entwurfes einen HKS-Farbausschnitt von Ihrem HKS-Farbfächer, so können Sie relativ sicher sein, daß der spätere Druck Ihren Vorstellungen und den Absprachen mit Ihrem Kunden übereinstimmen. Denn die Farben, die dann der Drucker verwendet, sind genormt. Eine andere Farbgebung kann eigentlich nur dann zustande kommen, wenn die Farbbüchse vertauscht wird.

Die *HKS-Farben* werden von den Farb-Lieferanten in Form von Farbfächern den Anwendern kostenlos zur Verfügung gestellt, so daß bei einem farbigen Entwurf dem Kunden die späteren Farben vor Augen geführt werden können. Da jedoch durch die neuen Programme auch die Möglichkeit besteht, die Farben im Computer farbig auf den Bildschirm zu rufen, besteht für Sie nun auch die Möglichkeit einen farbigen Ausdruck zu erstellen, der dem späteren Fortdruck weitestgehend entspricht. Bei

HKS-Druckfarben Basis für den Offset- und Buchdruck.

dem farbigen Druck eines Tintenstrahldruckers, eines Thermotransfer-Druckers, eines Sublementations-Druckers oder was es sonst noch derzeit für Angebote gibt, das gedruckte *„Proof"* aus dem PC-Drucker wird immer nur ein ungefähres *farbiges Vorabergebnis* bleiben. Die Auflösung von 300 dpi, womöglich andere Schriften, nicht das endgültige Papier, auf dem die spätere Auflage gedruckt wird, sind Gründe dafür, daß mit diesen Mitteln kein verbindliches Ergebniss vermittelt werden kann.

Veranlassen Sie in Ihrem Belichtungs-Institut, daß von der Datei, die Sie gestaltet haben, bereits Filme belichtet werden, so können von diesen Filmen verbindliche Proofs hergestellt werden. Von den belichteten Filmen können Sie ein *Chromalin* herstellen lassen, daß dem späteren Druck fast entspricht. Der erfahrene Kunde, der mit diesen *„Andrucken"* vertraut ist verzichtet ggf. sogar auf einen richtigen Andruck in einer Litho-Anstalt.

Die farbigen Drucke aus einem Farbdrucker mit einer Auflösung von 300 dpi dienen Ihnen lediglich dazu, Ihrem Kunden eine farbige Anmutung zu vermitteln. Denn in den meisten Fällen fallen noch Korrekturen und Aktualisierungen an. Sind bereits Filme belichtet worden, sind die Kosten dementsprechend höher.

Die farbigen Vorabdrucke mit einem Tintenstrahldrucker erreichen heute bereits akzeptable Ergebnisse. Im DTP-Bereich werden sie noch eine Weile als Vorabdrucke eingesetzt werden, die jedoch schneller zu einem Einverständnis-Ergebnis führen, als wenn lediglich ein Schwarz-weiß-Laserdrucker-Abzug vorgelegt wird. Sieht der Kunde sein farbiges gewüschtes Endergebnis bereits in diesem Stadium, kommen Sie schneller zu einer Freigabe zum Drucken.

Dies war sicherlich mit ein Grund, auch die HKS-Farbpalette auf PC-Ebene zu transferieren. Die Pantone-Palette hat ihren Ursprung in den USA, in Deutschland ist die HKS-Palette weiter verbreitet. Entwerfen Sie farbige Druckschriften, ist die Vorlage in fast verbindlichen Andrucken sowohl für Sie als auch für Ihren Kunden nur von Vorteil. Bei einem farbigen Firmen-Logo zum Beispiel wird sehr viel herumgefeilt. Wollte man jedesmal einen Andruck beauftragen, schnellen die Kosten ins astronomische.

Eine Grundvoraussetzung für Ihr rationelles Arbeiten ist natürlich ein entsprechender Farbmonitor mit der dazupassenden Farbgrafik-Adapterkarte. Zur Zeit ist die Technik so weit, daß es sich rechnet, einen Farbmonitore für DTP-Satzarbeiten einzusetzen. Dieses Buch wurde teilweise an einem MAC-Graustufen-Monitor hergestellt, teilweise an einem PC-VGA-Monitor umbrochen. Trotzdem ist das Arbeiten an einem Farbmonitor dem Arbeiten an einem Graustufen-Monitor vorzuziehen, die Vorteile sind naheliegend.

Sie sehen die farbigen Ränder, die farbigen Hilfslinien, die farbigen Schriftlinien, die farbigen Raster, Muster und Farbverläufe. Farbige Auszeichnungen der Texte sind am Monitor viel besser zu kontrollieren, als an einem Schwarz-weiß-Monitor oder an einem Graustufen-Monitor. Arbeiten Sie lediglich mit einem Schwarz-weiß-Monitor oder mit einem Graustufen-Monitor, können Sie eine *farbige Kontrolle* erst durch einen separatisierten Ausdruck des Laserdruckers verbindlich kontrollieren. Für jede Änderung einen Laserausdruck herstellen zu müssen, kostet Sie sehr viel Zeit.

In der Vergangenheit waren Farbsysteme sehr kostspielig und streckenweise auch sehr langsam. Die Zeiten haben sich in den letzten fünf Jahren grundlegend geändert; wer es sich leisten kann, der sollte in jedem Falle mit einem Farbmonitor arbeiten.

Der Einsatz von Schmuckfarben

Bei jeder zweiten Druckschrift wird eine Schmuckfarbe eingesetzt. Selbst wenn der Monitor die Farbe nicht originalgetreu in Pantone oder HKS darstellen kann, ist das Arbeiten komfortabler, als mit einem Graustufen-Monitor.

Auch bei reinen Schwarz-weiß-Büchern werden mehr denn je technische Raster oder Muster eingesetzt. Bereits bei diesen

Wir leben in einer farbigen Umwelt, das Arbeiten am Farbmonitor ist besser als am Graustufenmonitor.

„einfachen" Arbeiten empfiehlt es sich im Interesse aller, farbige Monitore einzusetzen.

Farbmischen am Monitor und beim Drucken

Der normale Farbmonitor unter Windows baut die Farben wie ein Farbfernseher in RGB-Farben auf. Wie die drei Buchstaben schon vermuten lassen, in drei und nicht in vier Farben. Es handelt sich um die Farben Red, Green und Blue (Rot, Grün und Blau). Mit der Ihnen bekannten Farbmischung bei den Druckfarben hat das wenig Verwandtschaft. Setzer und Drucker sind es gewohnt, ihre Vierfarbdrucke in der Farbkombination Rot, Gelb, Blau und Schwarz zu definieren, den sogenannten *Vierfarb-Prozeßfarben*. Denken Sie als Anfänger immer an diesen Unterschied. Selbstverständlich kann man auch im Offset- oder Tiefdruck ein Bild mit drei Farben drucken. Die schwarze Farbe kann eingespart werden, wenn es das Motiv erlaubt. Da sich aber beim Reproduzieren einer Vorlage ein Standard eingebürgert hat, werden die meisten Lithos mit vier Filmen belichtet.

Naturgetreue Farben am Monitor

Sie müssen also zwischen den Prozeßfarben für den Offsetdruck und den Monitor-Farben unterscheiden. Teure Grafikadapter-Karten und aufwendige Monitortechnik und entsprechende Prozessoren machen es heute immer schneller und kostengünstiger, *naturgetreue Farben* auch im DTP-Bereich am Monitor darzustellen. Sie erhalten heute Farbsysteme, die vor ein paar Jahren nur von ganz wenigen Unternehmen zu finanzieren waren.

Die Schmuckfarbe als fünfte Farbe in Ihrem Dokument

Stellen Sie einen Geschenkartikel-Katalog her, so werden Sie sehr wahrscheinlich alle Werbepräsente als Vierfarb-Bilder im CMYK-Verfahren reproduzieren lassen. Soll unter die Texte und Abbildungen ein Fond gelegt werden. So wird in diesem

Fall eine fünfte Farbe zum Einsatz kommen. Ist der Fond Schwarz, wird auch die schwarze Farbe des Fonds als separate fünfte Farbe angelegt, obwohl man meinen sollte, daß in der Prozeß-Scala das Schwarz bereits vorhanden ist. Eine Vollton-fläche als Untergrund (Fond) verfälscht die Abbildungen der Werbegeschenke in der Farbgebung in ihren vier Farben, wenn ein dunkler Fond unter den Abbildungen gedruckt wird.

Aus diesem Grunde werden dann die Dokumente farbig so angelegt, daß man eine fünfte Farbe wählt. Das kann jede Sonderfarbe sein, besonders problematisch sind dunkle Farben, Schwarz, Gold, Silber oder spezielle Farben, die nur durch die Sonderfarbe aus der Farbbüchse gleichmäßige Farbgebung über eine große Auflage gewährleisten.

In der Regel werden die meisten Druckschriften mit vier Farben angelegt, denn die fünfte Schmuckfarbe verlangt eine fünfte Druckplatte und einen fünften Druckgang. Ist die Druckmaschine nicht mit fünf Druckwerken ausgerüstet, kann der Auftrag nicht in einem Druchgang durchgeführt werden. Werden erst die vier Prozeßfarben gedruckt und dann die Schmuckfarbe hinterher, kann es zu Passerungenauigkeiten kommen. Gestalten Sie zum ersten mal solch eine Druckschrift, setzen Sie sich vorher mit Ihrem Auftraggeber, der Lithoanstalt und mit der Druckerei zusammen, bevor Sie einen Fehlschlag verantworten müssen.

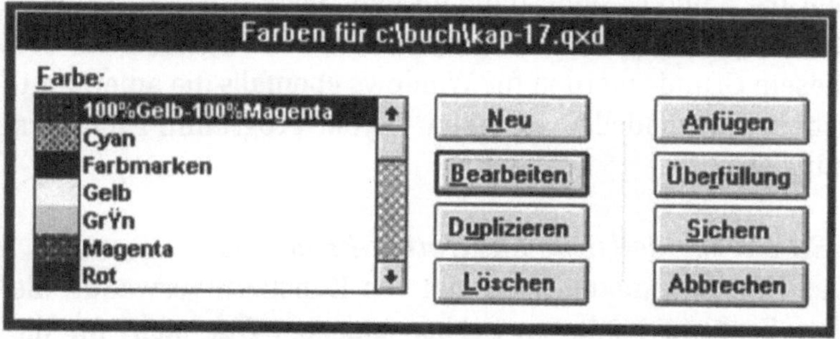

Abb. 17.1: Mit diesem Fenster beginnen Sie, Ihre neuen Farben zu definieren. Sie können jeder Farbe einen beliebigen Namen vergeben. Sie müssen jedoch wissen, um welchen Farbton es sich handelt, wenn Sie mit einem Graustufen-Monitor arbeiten.

Farben auswählen mit QuarkXPress

Im **Menü Bearbeiten** finden Sie die Option **Farben...**, öffnen Sie
das Fenster, um eine Schmuckfarbe zu definieren. Sie sehen in
dem Fenster eine Standard-Einstellung, die Sie bearbeiten, kopieren aber nicht löschen können. Klicken Sie neu an, so öffnet
sich dann die Abbildung 17.1. Hier erkennen Sie in dem aufge-
blendeten Fenster sämtliche angebotenen Farbpaletten. Be-
sorgen Sie sich für Ihre Arbeit Farbfächer im Fachhandel, um
ggf. mit Ihrem Auftraggeber die Farben vor dem Belichten festzulegen.

Machen Sie Ihren Kunden darauf aufmerksam, daß farbige
Tintenstrahl-Ausdrucke nicht verbindlich sein können, und
machen Sie Ihren Kunden vorher auf die Kosten aufmerksam,
wenn farbige Andrucke erstellt werden sollen. Können Sie auf
einen Andruck in der Lithoanstalt verzichten, falls Sie kostengünstigere Möglichkeiten einsetzen können, so stellen Sie sicher, daß die Kostensenkung an Sie weiter gegeben wird.

Farbmodelle

Wie bereits erwähnt, stammt das Programm aus den USA, es
werden also Interessen berücksichtigt, die in erster Linie für
Amerika zutreffen. Die Pantone-Farbpalette stammt von
Letraset und fand in deren DTP-Programmen, wie z.B. Ready-
SetGo 4.5 und Design-Studio für den Macintosh die erste Verbreitung. Pantone ist zum „Quasi-Standard" geworden, aus
diesem Grunde werden für Windows ebenfalls die amerikanischen Farbmodelle von allen Layout-Programm-Anbietern
mitgeliefert.

HSB-Farbmodell (Hue-Saturation-Brightnes

Das HSB-Farbmodell wird viel von Künstlern verwandt, die
ihre Grafiken in diesen Farben anlegen. *Hue* steht für die
Farbe, *Saturation* weist auf die Farbpigmentierung und Sätti-
gung der Fabe hin, während *Brightness* über den Schwarzan-
teil in der Farbe etwas aussagt.

RGB-Farbmodell (Red-Green-Blue)

Das RGB-Farbmodell wird von den Anwendern eingesetzt, die die *„additive"* Farbmischung einsetzen, mit den Farben Rot-Grün-Blau werden die Farben an einem Farbmonitor gemischt.

CYMK-Farbmodell (Cyan-Magenta-Yellow-Black)

Cyan-Magenta-Gelb-Schwarz ist bekannt als *„subtraktive"* Farbmischung, es ist das Farbmodell für den Vierfarbdruck aller Druckschriften, die im Offsetdruckverfahren gedruckt werden. Mit diesen vier Farben können Sie fast jeden Farbton mischen. Bei den Farbenherstellern können Sie eine Broschüre bestellen, die Ihnen ermöglicht, aus der *Europa-Skala* mit drei oder vier Farben jeden Farbton verbindlich festzulegen. Unterlegen Sie bei einem Schutzumschlag die Grafiken und Schriften mit einem Fond, kann dieser in jeder Farbnuance mit den vier Prozeßfarben erstellt, belichtet und gedruckt werden; geben Sie für den Lithographen die exakten Prozentwerte an.

PANTONE

Die Pantone-Farbpalette ist standardisiert, Sie erhalten einen Farbkatalog im Fachhandel und können somit aus zahlreichen

Pantone-Töne erreichen Sie auch durch CMYK-Konvertierung

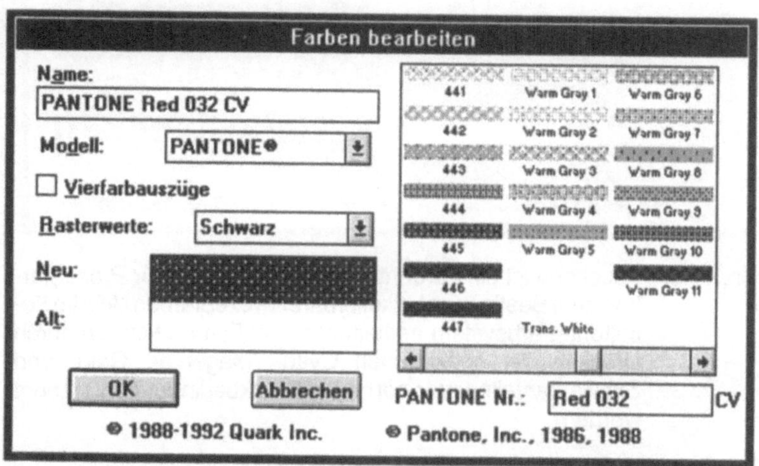

Abb. 17.2: Pantone-Farben sind vorgemischte Farben, die oft von Grafikern für mehrfarbige Publikationen eingesetzt werden. Die QuarkXPress Pantone-Farbauswahl ermöglicht es Ihnen, Pantone-Farben aus dem Pantone-Farbsystem-Katalog auszuwählen. Eine Pantone-Farbe kann entweder als Vollton- oder als Prozeßfarbe angegeben werden.

Farben einen Farbton bestimmen. Der Drucker kann diese Farbe fertig gemischt in Farbbüchsen kaufen, bei einer Nachauflage ist damit gewährleistet, daß der Farbton immer der selbe bleibt. Legen Sie Ihr Dokument in Prozeßfarben an und verwenden auch Pantone-Farbwerte, werden diese Farben mit den Prozeßfarben dem Pantonewert zugeordnet, so daß bei einem Vierfarbdruck keine fünfte Farbe anfällt.

TRUEMATCH und *FOCOLTONE*

Bei dem Trumatch-Farbsystem können über 2000 Farben mit den Prozeßfarben erzeugt werden.

Bei diesen beiden Farbmodellen können Sie ebenfalls den Farbton per Prozeßfarben bestimmen. Das Angebot der Farbtöne ist sehr umfangreich. Am Monitor sehen Sie immer nur einen kleinen Ausschnitt, um einen verbindlichen Eindruck des Farbwertes zu erhalten, kommt es natürlich auf Ihre Grafikadapterkarte an, wieviele Farben insgesamt und in welcher Auflösung dargestellt werden können.

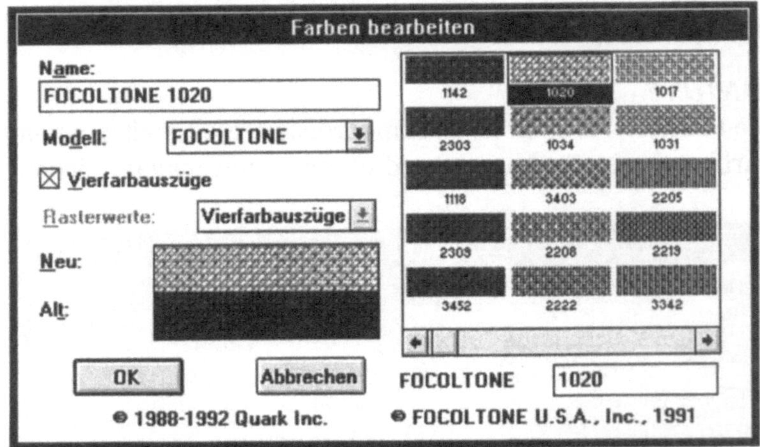

Abb. 17.3: Focoltone ist ein Farbentsprechungs-System für Prozeßfarben zum Bestimmen kalkulierbarer Prozeßfarben. Alle im Focoltone-Farbsystem enthaltenen 763 Farben können durch Drucken der spezifischen Cyan-, Magenta-, Gelb- und Schwarzanteile unter normalen Druckbedingungen erzeugt werden.

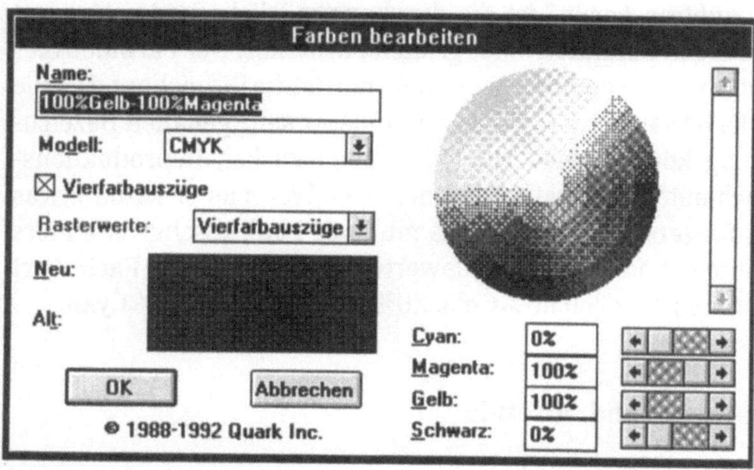

Abb. 17.4:   Legen Sie eine farbige Grafik mit einem vektororientierten Programm an, z.B. CorelDraw, so verwenden Sie im Grafik-Programm die selben Farben wie im Layout-Programm, wenn hier ebenfalls Elemente in Farbe gestellt werden sollen.

Der Farbkreis

Wählen Sie das HSB-, RGB- oder CMYK-Farbmodell, so erscheint in dem Fenster ein Farbkreis. Wird ein Farbmodell mit drei Farben erstellt, sehen Sie nur drei „Schiebe-Regler", bei CMYK erscheinen vier Regler. Mit diesen Reglern können Sie jeden Farbton definieren. Der sicherste Weg ist es, ein *Farbwertebuch* von K+E zu verwenden und den ausgesuchten Farbwert im Computer zu übernehmen.

Eine andere Möglichkeit besteht darin, in den Farbkreis zu klilkken und somit einen Farbton zu wählen. Diese Möglichkeit besteht jedoch nicht bei den Prozeßfarben, diese sollten Sie durch Eintippen der Werte im numerischen Feld bestimmen.

Farbton und Farbwert

Bei dem Wort Farbton handelt es sich um einen umgangssprachlichen Begriff, der im Gespräch mit dem Drucker Verwendung findet. Eigentlich ist Farbtönung, Farbnuance oder Nuance korrekter, aber in der Umgangssprache bürgern sich Begriffe ein, die dann auch vom Fachmann verwandt werden.

„Laubfroschgrün" ist die durchaus mögliche und sehr sympatische Definition eines grünen Farbtones. Der Farbmetriker ist jedoch sicher nicht zufrieden, ihm ist die Bezeichnung Farbe DIN 6164 – 21,5:6:4 lieber. Mit dieser sehr genauen Bezeichnung können wiederum Vierfarbendrucker, Reproduktionsfachleute und Grafik-Designer oder Werbeleiter kaum etwas anfangen. Für ihre Zwecke muß das Laubfroschgrün anders definiert oder genauer, bewertet werden, z.B. als Farb-Wert aus den Anteilen 80% Gelb, 20% Magenta und 100% Cyan.

Farbwert und Offsetfilm

Der Prozentwert, um bei diesem Beispiel zu bleiben, 80% Gelb, bedeutet nicht etwa, daß nun der Bedruckstoff zu 80% mit Druckfarbe Gelb bedeckt sei, sondern er bedeutet lediglich, daß der Offset-Positivfilm, also die Kopiervorlage, eine gedeckte Fläche von 80% hat. Die Angabe 80% Flächendeckung im Rasterfilm ist brauchbar, da sie genau definiert ist: 80% der Rasterfläche sind vollkommen undurchsichtig, die restlichen 20% durchsichtig. Solche *Rastertonwerte* ermittelt der Reproduktionsfotograf mit einem Durchlicht-Densitometer zunächst als Schwärzung (= optische Dichte im Durchlicht), die er dann auf einer Tabelle oder auf einer zweiten Skala am Densitometer als den eigentlichen Prozentwert ablesen kann.

Mit anderen Worten: die %-Werte des *K+E-Farbwertebuches* beziehen sich auf die Kopiervorlage, den umkopierten Offsetfilm, und nicht auf den Druck selbst.

Farbwert und Offsetdruck

Im vorhergehenden Absatz wurden die angestrebten 80% Gelb als Teilfarbe unseres Laubfroschgrüns zunächst einmal auf einen unbunten, aber definierten Prozentwert im Offsetfilm (Rastertonwert) zurückgenommen, der nun über einen Kopiervorgang (möglichst kontrolliert und standardisiert) auf die Druckplatte übertragen wird. Von diesem Augenblick an ist unser 80%iger Rastertonwert den vielfältigen Einflüssen ausgesetzt, die das endgültige Aussehen mitbestimmen. Da ist zunächst einmal das für den Offsetdruck unerläßliche Feuchtmittel oder Wischwasser, dann die Druckfarbe, in dem angeführten Beispiel das Gelb der Europa-Skala. Die so eingefärbte Druckplatte überträgt den Rastertonwert auf das Gummituch, von dort aus folgt der eigentliche Druckvorgang und die Übertragung auf den Bedruckstoff. Wenn der Drucker seine technisch einwandfreie Maschine sorgfältig eingestellt hat, können Sie sicher sein, daß der Rastertonwert sich in den gewünschten Farbwert verwandelt. Wenn dann noch die zwei anderen Teilfarben, bei diesem Beispiel 20% Magenta und 100% Cyan, ebenfalls stimmen, ist das angestrebte „Laubfroschgrün" sichtbar auf dem Papier.

Diese vereinfachte Darstellung der Übertragungskette vom Offsetfilm zum fertigen Druck (zwischen Andruck oder Auflagendruck wurde nicht unterschieden) bedarf noch ein paar Erklärungen.

1. Wissenswert ist, daß außer den bereits erwähnten auch folgende Faktoren eine nicht zu unterschätzende Rolle spielen: das Raumklima (Temperatur und Luftfeuchtigkeit können zwischen morgens, mittags oder gar der Nachtschicht erhebliche Unterschiede aufweisen), des weiteren die Position unseres Farbwertes auf dem Druckbogen (vorne, hinten, in der Mitte oder mehr an den Ecken), die Druckplattenart (Mehrmetallplatten drucken im allgemeinen etwas voller als zum Beispiel eloxierte Aluminiumplatten).

2. Nicht nur wissenswert, sondern ausgesprochen wichtig ist der faktor Druckmaschine (Ein-, Zwei- oder Vierfarbmaschine; Bogen- oder Rollenoffset) und – davon abhängig – die Druckreihenfolge. Je nachdem, ob die 80% Gelb als erste, zweite, dritte oder vierte Farbe gedruckt werden, kann das gewünschte Laubfroschgrün etwas anders ausfallen.

3. Die Wichtigkeit des Bedruckstoffes geht aus dem nächsten Absatz hervor.

Farbwert und Rastertonwertzunahme

Die nächsten Erklärungen werden für den Neuling etwas kompliziert klingen, aber etwas Fachwissen ist unumgänglich, zumal immer mehr sogenannte „Quereinsteiger" sich in einem komplexen Handwerk betätigen möchten. Mit der Gestaltung am Monitor allein ist es nicht getan. Ohne das Hintergrundwissen für professionelles Arbeiten können Sie keine korrekten Ergebnisse erzielen.

1. Die Rastertonwertzunahme ist eine Tatsache. Aus 80% Flächendeckung im Offset-Positivfilm werden z.B. „90% wirksame Flächendeckung im Druck".
   Gibt es demnach eine Definition – in Form von Prozentwerten – für den gedruckten Farbwert? Jedoch ist diese Definition für die praktische Anwendung von Farbwerten nicht brauchbar, weil die verfahrensbedingten Toleranzen einfach zu groß sind. Selbst wenn alle Einzelschritte nach den Empfehlungen des *Bundesverbandes Druck (BVD)* und der *FOGRA* für die Standardisierung von Druckplattenkopie und Druck korrekt durchgeführt werden, ist mit folgenden Rastertonwertzunahmen zu rechnen: beim Druck auf gestrichenen, auch mattgestrichenen Papieren werden aus 80% im Film 89–93% im Druck. (Zunahme also 9–13%. Bei Naturpapieren dürfen die 80% im Film auf 91–95% zunehmen, also um 11–15%. Im helleren Tonwertbereich ist die Zunahme interessanterweise erheblich größer, sie beträgt bei gestrichenen Papieren 15–21% (von 39% im Film auf 54–60% im Druck, und bei Naturpapieren von 39% auf 57–63%, also sage und schreibe 18–24%). Aus diesen Gründen hat sich die farbherstellende Industrie dazu entschlossen, in die Farbwerttafeln und das Farbwertebuch ausschließlich „Prozentwerte im Film" einzudrucken. Diese Darstellung ist stark vereinfacht und bezieht sich nur auf die Einzelfarben, wie sie auf den Blättern des Farbwertebuches jeweils oben (Magenta), links (Cyan) und unten (Gelb) erscheinen. In Wirklichkeit sind aber die Farben (übrigens in der für Vierfarbmaschinen gebräuchlichsten Reihenfolge Schwarz-Cyan-Magenta-Gelb) naß-in-naß aufeinandergedruckt und die Farbannahme ist offenbar eine so komplizierte Materie, daß sie die Meßtechnik noch nicht im Griff hat.

Wichtig ist: die Rastertonwertzunahme wird in der Praxis immer anhand eines außerhalb des eigentlichen Druckbildes mitlaufenden Kontrollkeiles gemessen. Während der Reprofotograf seine Filme mit einem Durchlichtdensitometer mißt, greift der An-(Drucker) zu einem Aufsichtsdensitometer, mit dem er zweimal messen muß: einmal den Vollton und einmal einen definierten Rasterton, zum Beispiel unsere 80% Europa-Gelb. Das Densitometer liefert dem Drucker jedoch nur Farbdichtewerte, brauchbar für die laufende Auflagenkontrolle anhand von Sollwerten. Zur Ermittlung der Rastertonwertzunahme in % jedoch müssen seine beiden Farbdichtewerte miteinander in Beziehung gebracht und in Prozentwerte der wirksamen gedeckten Fläche, auch äquivalenter Flächendeckungsgrad genannt, z.B. mit der RZV-Tafel von K+E umgewandelt werden. Wie das geschehen kann, soll an dieser Stelle nicht behandelt werden.

Einige von Ihnen werden sich fragen, was diese Ausführungen bedeuten? Ein Merksatz: Andruck und Auflagendruck sind dann gleich, wenn auch die Rastertonwertzunahme gleich ist.

Andruck in der Lithoanstalt

Gehen Sie davon aus, faß die Offsetfilme fertig sind, daß die Rastertonwertflächen densitometrisch geprüft und die Platten für den Andruck korrekt hergestellt sind. Im Idealfall geht es dann folgendermaßen weiter:

1. Der Andruck erfolgt auf den Bedruckstoff, der später im Auflagendruck verwendet wird, also auf dem Auflagenpapier.
2. Die Farbreihenfolge ist dieselbe wie auf der Auflagenmaschine, mindestens bei den drei bunten Skalenfarben. Beim Schwarz kommt es nicht so genau darauf an, es kann als erste oder als letzte Farbe laufen.
3. Die Rastertonwertzunahme im Andruck entspricht der des Auflagendruckes, genauer: sie liegt innerhalb der oben genannten Toleranzbereiche.

Sie haben jetzt einen Offsetandruck Ihres aus Farbwerten aufgebauten Bildmotives vor sich. Vorausgesetzt, das Papier des Andruckes weicht in der Oberflächenbeschaffenheit und hinsichtlich des Druckverhaltens nicht kraß vom Papier des Farbwertebuches ab, dürfen Sie einen zufriedenstellenden Farbtonausfall erwarten.

Farbwertabstimmung im Auflagendruck

Das angeführte Farbbeispiel bezeichneten wir „Laubfroschgrün", als Farbwert hatten wir dem Beispiel 80% Gelb, 20% Magenta, 100% Cyan zugewiesen. Nach etlichen Zwischenstufen in der Reproduktion können Sie nun das Laubfroschgrün in Form eines Andruckes bemustern.

Weitere Zwischenstufen in der Druckerei folgen. Der eigentliche Abstimmungsvorgang befaßt sich mit subjektiven Feinheiten, mit Ermessensfragen. Innerhalb festgelegter Toleranzen können Sie noch an dem Fabton Feinabstimmungen vornehmen, indem Sie Feintrimmungen vornehmen lassen: ein Zahn mehr Gelb, weniger Magenta, noch eine Spur Cyan.

Der frisch aus der Maschine kommende Druckbogen ist auch in der Farbwirkung frischer. Nach etwa einer halben Stunde kann die endgültige Farbwirkung dann voll beurteilt werden. Das ist zu beachten.

Da Sie von vornherein mit Farbwerten gearbeitet haben, die zudem noch unter Praxisbedingungen gedruckt wurden, dürfte auch der Farbtonausfall im Auflagendruck so sein, daß Sie zufrieden mit dem Ergebnis sind, immer unter der Prämisse, daß Sie Ihre Arbeit nach praxisorientierten Gegebenheiten vorbereitet und durchgeführt haben.

Überfüllungen bestimmen

Um „Blitzer" zu vermeiden, bietet Ihnen QuarkXPress die Möglichkeit an, Überfüllungen zu berücksichtigen. Sogenannte Blitzer sind Stellen, an denen das weiße Papier oder eine hellere Untergrundfarbe durchscheinen. Im Auflagendruck kann sich die Druckplatte geringfügig verschieben. Um dieses auszugleichen, sorgt das Programm dafür, daß die Hintergrundfarbe überfüllt wird. Nur PostScript-Drucker bzw. PostScript-Belichter können Farbauszüge ausgeben. Wenn Sie ein Dokument auf einen anderen Drucker ausgeben, sind keine Überfüllungen oder Farbauszüge möglich.

QuarkXPress wendet die von Ihnen festgelegten Überfüllungswerte nur auf QuarkXPress-Objekte an, nicht auf importierte Bilder. Überfüllungen für Objekte in einem importierten Bild müssen mit der Anwendung festgelegt werden, in der das Bild erzeugt wurde.

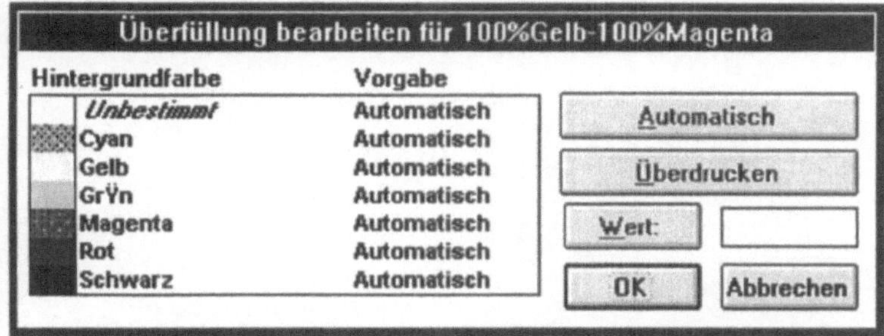

Abb. 17.5: In diesem Fenster definieren Sie die notwendigen Überfüllungen. Im QuarkXPress-Handbuch sind die Kapitel, die sich mit den Farben befassen ausführlich und farbig gedruckt, so daß auch ein Neuling schnell mit diesem Thenma vertraut sein wird.

Drucken von Dateien

Eine Datei kann mit den unterschiedlichsten Geräten gedruckt werden. Verwenden Sie QuarkXPress zum Setzen, so sollten Sie zur korrekten Kontrolle einen postscriptfähigen Laserdrucker verwenden, wenn Ihre Dokumente mit einem Laserbelichter für den Offsetdruck belichtet werden sollen.

Druck-Manager

Drucken und Belichten

QuarkXPress sendet die Dokumente mit dem Druckertreiber von Windows zu dem jeweiligen Drucker. Bei der Installation können Sie mehrere Drucker wählen. Arbeiten Sie in einer Setzerei, so werden die PCs oder Macintoshs sehr wahrscheinlich durch ein Netzwerk miteinander verbunden sein. An diesem Netz sind dann mit aller Wahrscheinlichkeit alle Ausgabegeräte angeschlossen, so daß Sie von Ihrem Arbeitsplatz entweder das Dokument zum Laserdrucker, zu einem Thermotransfer-Drucker oder zum Belichter senden können.

Die herkömmlichen Laserdrucker hatten bis vor kurzem eine Auflösung von 300 dpi, mittlerweile erhalten Sie zum gleichen Preis Laserdrucker mit 600 oder 800 dpi. Die Entscheidung, in welchen Laserdrucker Sie investieren, hängt von den Arbeiten ab, die Sie mit dem Gerät durchführen möchten. Wollen Sie mit dem Laserdrucker kleine Auflagen drucken, so ist es ratsam, ein Gerät zu wählen mit einer höheren Auflösung. Die Schriften werden besser auf dem Papier gedruckt, Grafiken erhalten einen feineren Rasterpunkt und vor allem werden Halbtonbilder mit einer besseren Auflösung wiedergegeben.

Laserbelichter erreichen eine Auflösung von 2540 dpi, jedoch nicht jeder Auftrag verlangt solch eine hohe Auflösung. Einige Belichtungs-Institute stellen Ihre Belichter generell auf 2450 dpi ein, wenn permanent Halbtonabbildungen belichtet werden. Das ständige Umstellen der Belichtungsparameter kann durch vom Bediener verursachte Fehler führen.

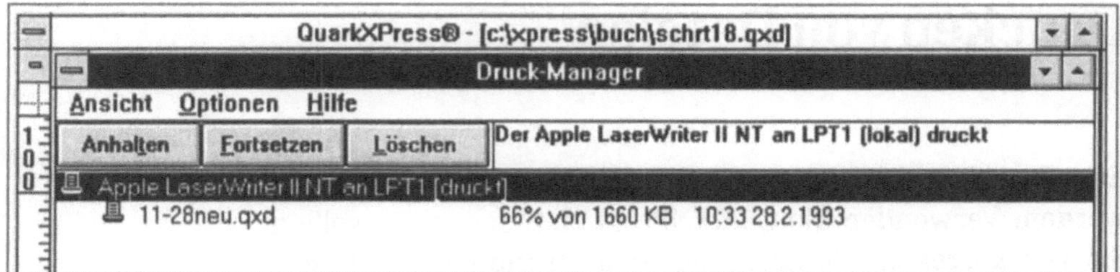

Abb. 18.1: Kommt es zu Störungen beim Drucken, können Sie den Status im Druck-Manager kontrollieren. Gab es einen Papierstau, so kann es passieren, daß Sie durch Anklicken der Taste Fortsetzen dem Drucker neuen Schwung geben müssen.

Haben Sie ein Dokument zum Drucker geschickt, wird eine temporäre Datei angelegt, das heißt, von der Originaldatei wird eine Kopie angelegt, die vom Druck-Manager zum Drucker oder Belichter geschickt wird. Dies geschieht im Hintergrund, so daß Sie weiterarbeiten können, während die Datei gedruckt wird. Das hat zur Folge, daß auf Ihrer Festplatte genügend freier Speicher dem Druck-Manager zur Verfügung stehen muß. Ist die Festplatte total belegt, kann die Datei mit dem Druck-Manager nicht gedruckt werden, des weiteren sollten Sie darauf achten, daß die Dateien nicht zu groß werden.

Zu große Dateien führen zu Problemen

Dateien, die größer sind als zwei Megabyte, können die Speicherkapazität Ihres Laserdruckers oder Thermotransfer-Druckers übersteigen, so daß es Ihnen passieren kann, daß das Programm den Druckvorgang nicht ausführen kann. Vor allem dann, wenn Halbtonbilder ausgedruckt werden sollen, kann die Kapazität eines Druckers und sogar die Kapazität eines Belichters knapp werden.

Voreinstellungen zum Drucken

Im **Menü Datei, Drucker, Voreinstellung** nehmen Sie für das Belichten die notwendigen Voreinstellungen vor, wenn Sie für den Offsetdruck Filme belichten wollen. In diesem Fenster haben Sie die Wahl zwischen Positiv-Film und Negativ-Film, die Wahl zwischen seitenverkehrtem Offsetfilm oder seitenrichti-

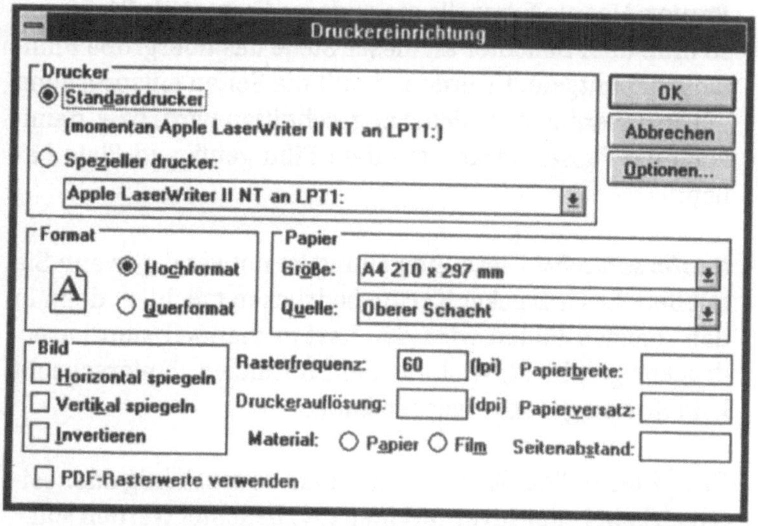

Abb. 18.2: In diesem Fenster nehmen Sie die wichtigsten Einstellungen
für das Belichten vor. Wichtig ist, hier keine Fehler zu begehen,
ist die Datei erst einmal zum Belichter geschickt, erkennen Sie
erst, wenn der Film entwickelt worden ist, ob alles in Ordnung
ist.

gem Siebdruckfilm. Befindet sich in dem Belichter Filmmaterial, das es Ihnen erlaubt, die Seiten quer zu drucken, um nebeneinander zwei Buchseiten auf den Film zu bekommen, so können Sie hier die entsprechende Einstellung vornehmen. Das richtige Ausnutzen des Filmmaterials ist eine der wichtigsten Grundvoraussetzungen, wenn Sie Kosten und Zeit sparen möchten.

Einstellmöglichkeiten im Fenster Drucker-Voreinstellungen

- *Druckerart:* Klicken Sie in dieses Feld, werden alle installierten Drucker angezeigt. Arbeiten Sie ständig mit einem Belichtungsbüro zusammen, sollten Sie den Druckertreiber Ihres Belichtungsbüros installieren, um alle Voreinstellungen selbst vornehmen zu können. In diesem Aufblendmenü finden Sie auch die Möglichkeit, die aktuelle Datei in eine PostScript-Datei zu drucken.

- *Format:* Hier nehmen Sie die Einstellung vor, ob im Hoch- oder Querformat gedruckt werden soll.

- *Papier:* Hat die Filmrolle ein anderes Format als 21,00 cm, so muß dem Belichter an dieser Stelle das übergroße Filmmaterial mitgeteilt werden, damit die Seiten entsprechend plaziert werden und nichts abgeschnitten wird, bzw. damit auch die Passermarken auf dem Film genügend Platz haben.

- *Papierschacht:* Diese Einstellung ist notwendig, wenn Sie mit dem Laserdrucker Karton bedrucken möchten, denn in den meisten Fällen wird der Karton manuell zum Laserdrucker geschickt, weil aus dem normalen Papierschacht kein Karton gezogen werden kann.

- *Bild:* Hier stellen Sie ein, ob der Film seitenrichtig oder seitenverkehrt oder invertiert (negativ) belichtet werden soll.

- *Rasterweite:* Die Rasterweite wird normalerweise am Belichter fest eingestellt, so daß Sie die Eingabe anderer Werte übergehen können.

- *Optionen:* Klicken Sie diesen Schalter an, wenn Sie eine PostScript-Datei erzeugen möchten. Diese Möglichkeit bietet Ihnen das Programm für den Fall, wenn Sie Ihre Datei zu einem Belichtungs-Institut schicken möchten, die entweder mit einem Macintosh den Belichter ansteuern oder wenn das Belichtungsinstitut das Programm QuarkXPress nicht einsetzt, so daß die Datei per *„Downloading"* zum Belichter

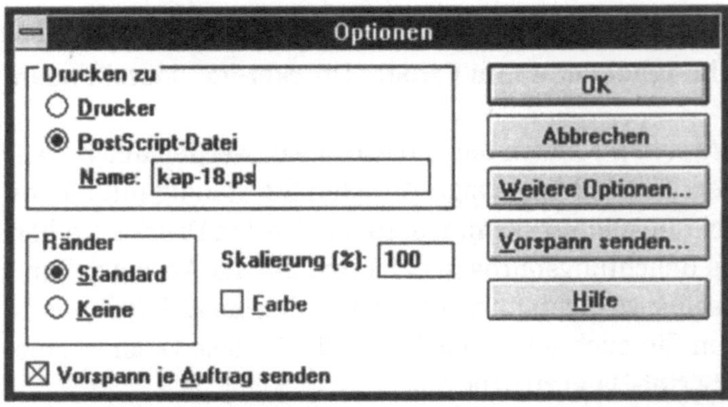

Abb. 18.3: In eine PostScript-Datei werden auch die Schrift-Informationen und die Bildinformationen eingebunden, der Grund, warum eine PostScript-Datei so groß wird.

geschickt wird. Das Belichtungsinstitut hat keinen Zugriff zu Ihrer Datei, so daß das Endprodukt zu Ihren Lasten geht, wenn Sie falsche Einstellungen vorgenommen haben sollten. Verwenden Sie diese Option nur in Notfällen, denn die PostScript-Datei vergrößert sich mindestens um das zweieinhalbfache ihrer sonstigen Größe.

Das Druck-Dialogfenster

Das **Menü Drucken** können Sie am schnellsten mit dem **Befehl** [Strg]+[P] aufrufen. Es richtet sich nach den Voreinstellungen, die Sie im Menü Drucker-Voreinstellungen definiert haben. In diesem Fenster veranlassen Sie, welche Farben gedruckt werden sollen und ob ein Halbtonbild aufgerastert in vier Filmen in den Prozeßfarben CMYK belichtet werden sollen.

* *Kopien:* in diesem Feld geben Sie die Anzahl der Drucke pro Datei ein.

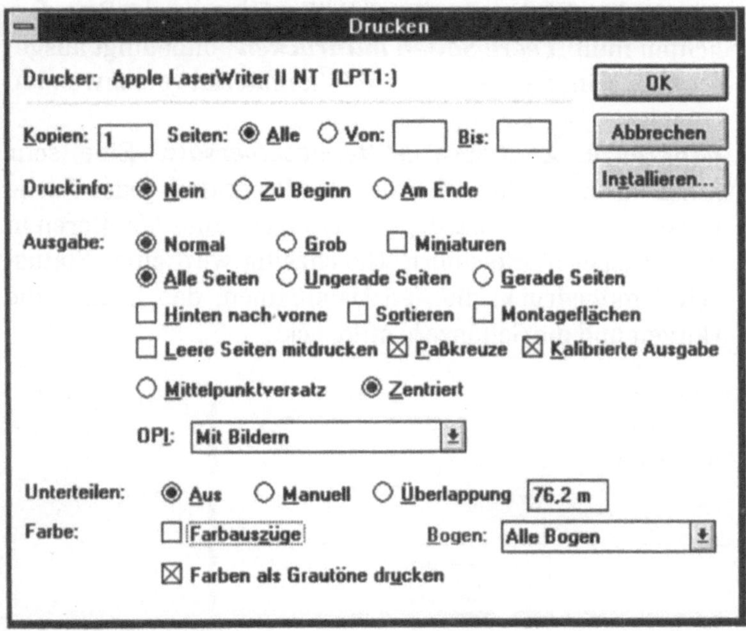

Abb. 18.4: Das Druckerfenster ermöglicht Ihnen die Anbindung an die Groß-EBV, das Open-Pree Press-Interface bildet die Verbindung zu einem HELL- oder Crosfield-Scanner.

- **Seiten, Alle, Von, Bis:** Jede beliebige Seite eines Dokumentes kann einzeln oder zusammen mit anderen zum Drucker geschickt werden.

- **Papierlage:** Hier stellen Sie ein, ob die erste oder die letzte Seite zuerst gedruckt werden soll.

- **Ausgabe: Normal, Grob, Miniatur:** Hier können Sie die Seiten als Miniaturen ausdrucken lassen. Klicken Sie **Grob** an, werden anstelle der Halbtonbilder Rahmen ohne Inhalt gedruckt.

- **Alle Seiten, Ungerade Seiten, Gerade Seiten:** Hier geben Sie vor, ob alle Seiten gedruckt werden sollen, oder ob nur die geraden oder ungeraden Seiten gedruckt werden sollen.

- **Von hinten nach Vorne, Sortiert, Montagefläche, Leere Seiten mitdrucken:** Hier können Sie bestimmen, in welcher Reihenfolge gedruckt werden soll. Es kommt natürlich auch auf Ihren Drucker an, ob dieser die Seiten umgekehrt oder in der richtigen Lage und Reihenfolge druckt. Beim Belichten muß „**Leere Seiten mitdrucken**" unbedingt ausgeschaltet sein, denn sonst wird Filmmaterial verschwendet.

- **Paßkreuze: Zentriert, Mittelpunktversatz:** Eine sehr nützliche Einstellung, bei der das Programm jeder Farbe Passerkreuze zuweist, die ein standgerechtes Montieren in der Druckerei erleichtern. Gleichzeitig wird eine „Statuszeile" mitgedruck, die den Dateinamen, das Datum, die Uhrzeit und die Seitenzahl mitdruckt.

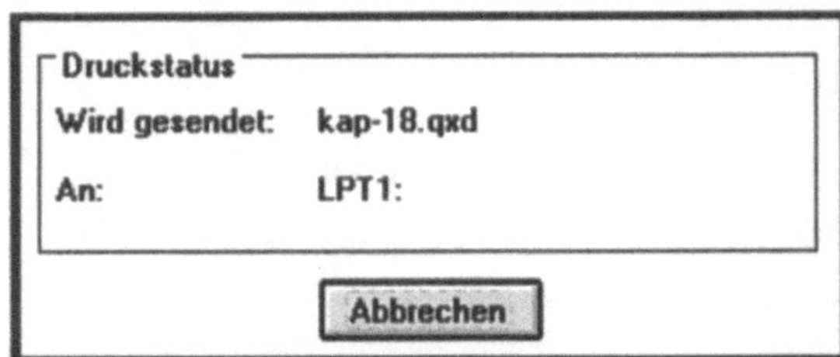

Abb. 18.5: Dieses Fenster zeigtan, daß das Dokument zum Spooler kopiert wird, damit Sie in kürze weiterarbeiten können.

- ***OPI: TIFF auslassen, EPS auslassen:*** Liefern Sie eine Datei an eine Reproduktionsanstalt, können Sie eingearbeitete TIFF-Bilder oder EPS-Bilder ausklammern, so daß die Reproduktionsanstalt die eigenen eingescannten Bilder in das Quark-Dokument einfügen kann, bei Belichtern kann diese Option ignoriert werden.

- ***Kalibrierte Ausgabe:*** Diese Einstellung sollte immer aktiv sein, damit die optimale Druckqualität des jeweiligen Laserdruckers zustande kommt.

- ***Unterteilen: Aus, Manuell, Überlappung, Eingabefeld:*** Ein Belichter kann bis zu 55 x 96 cm Filmmaterial belichten, ein Laserdrucker kann A4 oder A3 bedrucken, je nachdem welches Modell Sie besitzen. Haben Sie ein übergroßes Format definiert und möchten mit einem A4-Drucker einen Kontrollabzug herstellen, druckt der Laserdrucker entsprechend viele Seiten aus, die mit Passermarken versehen sind, so daß Sie in der Lage sind, das Dokument zu kontrollieren.

  Drucken Sie anstelle auf normales SM-Papier auf Transparentpapier, die Kontrolle ist fast wie beim Film.

- ***Farbe: Farbauszüge, Bogen: Alle Bogen, Farben als Grautöne drucken:*** Wenn Sie Farbauszüge anklicken, **Alle Bogen** aktiv sind, werden alle Farben ausgedruckt, die in Ihrem Dokument eingestellt wurden. Möchten Sie eine Datei belichten, die ein vierfarbiges Halbtonbild beinhaltet, werden alle Prozeßfarben ausgedruckt, allerdings nur von einem postscriptfähigen Laserdrucker.

  Haben Sie ein Dokument mit Schwarz, Grün und Orange angelegt, müssen Sie jede Farbe einzeln zum Belichter oder zum Laserdrucker schicken.

Zusamenarbeit mit dem Belichtungs-Institut

Liefern Sie zu der Datei, dem Datenträger – am besten ein Cartridge –, einen *Begleitzettel* mit, in dem Sie die notwendigen Angaben für den Bediener des Belichtungsgerätes aufgelistet haben. Manche *Belichtungsaufträge* werden in der Spät- oder Nachtschicht erledigt, in vielen Fällen müssen die Schriften, die Sie verwandt haben aktiviert werden.

Pantone-Töne erreichen Sie auch durch CMYK-Konvertierung

Möchte das Belichtungs-Unternehmen eine PostScript-Datei von Ihnen, müssen Sie sicherstellen, daß Sie den selben Drukkertreiber verwenden wie die Belichtungs-Anstalt. Sie dürfen keinen *Linotronic 300*-Druckertreiber aktivieren, wenn Ihre Datei von einem *AGFA-Belichter* belichtet werden soll.

Verwenden Sie möglichst keinen *PCL-Laserdrucker*, wenn Sie das Dokument belichten möchten, die Schriften, die *TIFF-* und *EPS-Bilder* werden zu großen Problemen führen.

Soll das Dokument belichtet werden, sollten Sie immer Adobe Type 1-Schriften einsetzen, denn die Laserbelichter verwenden ebenfalls diese Schriften. Mit Windows 3.1 und QuarkXPress können Sie auch TrueType-Schriften verwenden, die

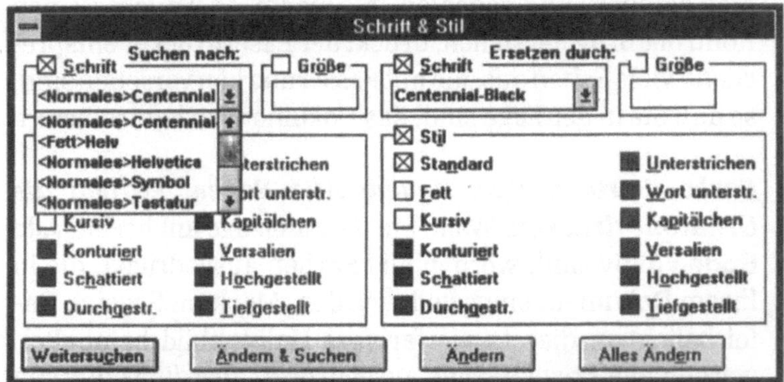

Abb.18.6: In diesem Fenster können Sie feststellen, welche Schriften in dem Dokument vorkommen. Sie können jede Schrift gegen eine andere installierte Schrift tauschen. Wird das Dokument später belichtet, sollten Sie sich für Adpobe Type 1-Schriften entscheiden. Die Fotosatzbelichter verwenden zur Zeit fast ausschließlich PostScript-Schriften dieser Type. Verwenden Sie exotische Schriften, müssen diese zum Belichten mitgeliefert werden.

richtig interpretiert werden, wenn Sie in der entsprechenden Tabelle stehen. Aber was machen Sie, wenn die Schrift nicht in der Tabelle vorkommt? Verwenden Sie für Fotosatz-Dokumente keine Schriften, die Ihnen auf Freeware-Disketten geliefert werden oder als Public-Domain-Schriften angeboten werden. Für den privaten Gebrauch sind diese Schriften sicherlich hervorragend, aber was wird Ihr Auftraggeber sagen, wenn im späteren Druck Zeichen fehlen, weil sie nicht belichtet wurden und keiner hat den Fehler entdeckt.

Eine Kontrollmöglichkeit vor dem Belichten

Im Menü Hilfsmittel finden Sie unter Schrift&Stil die Möglichkeit, das unten abgebildete Fenster zu öffnen. In diesem werden Ihnen alle Schriften angezeigt, die in dem aktuellen Dokument vorkommen. Sie haben jetzt noch die Möglichkeit, True-Type-Schriften gegen Adobe Type 1-Schriften auszutauschen. Tru-Type-Schriften werden in den Windows System-Ordner kopiert. Arbeiten Sie nur mit den notwendigsten Schriften. Dies gilt sowohl für TruType-Schriften als auch für den AdobeTypeManger.

Firmenlogos und EPS-Dateien

Sehr viele Firmenlogos basieren auf Schriftlösungen, die mit Programmen, wie *CorelDraw* oder *Designer* modifiziert wurden. Soll das Firmenlogo belichtet werden, gilt hier das selbe,

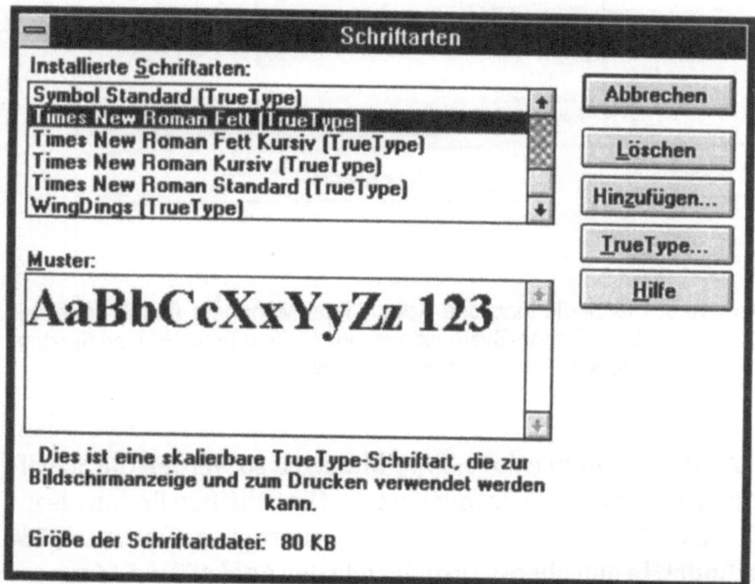

Abb. 18.7: In der System-Steuerung unter Windows 3.1 haben Sie in diesem Fenster die Gelegenheit, TrueType-Schriften zu löschen oder neue zu laden.

ATM-Kontrollfeld

wie oben gesagt. Der Belichter benötigt den Schrift-Font, um das Logo richtig zu belichten. Auch wenn Sie ein EPS erstellt haben und dieses in Ihr QuarkXPress-Dokument eingebaut haben, es muß immer der Originalfont vorhanden sein.

Schriftenverwaltung mit dem Adobe Type Manager

Neben den mitgelieferten TrueType-Schriften bieten die traditionellen Fotosatzanbieter ihre Schriften auch für PostScript an. Linotypeschriften, ITT-Schriften, Monotypeschriften, Adobeschriften, das Angebot ist unüberschaubar. Laden Sie

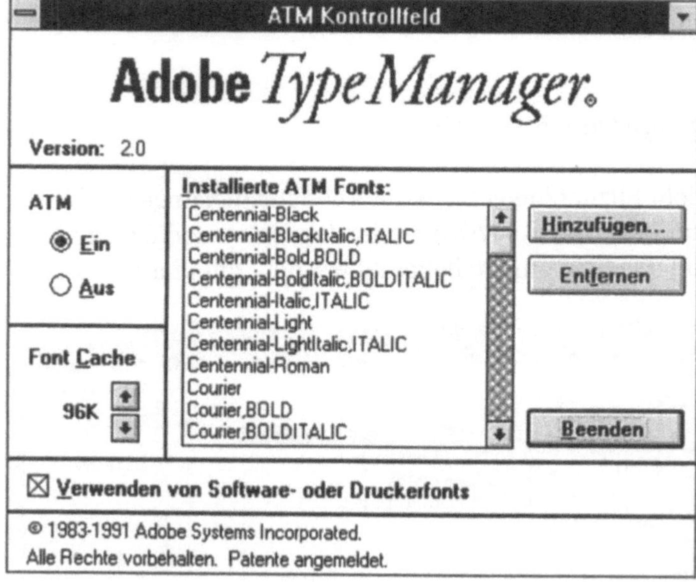

Abb. 18.8: Die Bedienung des Adobe-Type-Managers ähnelt sehr star der Schriften-Systemsteuerung für TrueType. Weisen Sie dem Adopbe-Type-Manager 256 Font Cache zu.

Schriften mit dem Adobe-Type-Manager, so werden die Schriften in zwei spezielle Ordner gestellt. Die Schriften finden Sie im Ordner **PSFONTS**, in dem sich ein weiterer Schriftordner **PFM** befindet. In den oberen Ordner stellt der *Adobe-Type-Manager* die Bildschirmschriften, während im darunterliegenden Ordner die Druckerschriften untergebracht sind.

Schriftdarstellung am Monitor

Die Bildschirmdarstellung der Schriften hängt vom Monitor und von der Grafikkarte ab. Für Arbeiten im Bürobereich ist eine VGA-Auflösung ausreichend, wenn Sie Ihre Dokumente mit einer Textverarbeitung gestalten. Der QuarkXPress-Anwender stellt höhere Ansprüche an das Aussehen der Schriften, um Unterschneidungen und Modifikationen besser beurteilen zu können. Ein Monitor mit einer 20"-Bildröhre und einer hohen Auflösung und einer hohen Geschwindigkeit ist notwendig. Verarbeiten Sie gelegentlich auch farbige Bilder, ist ein hochwertiger Monitor der wichtigste Teil Ihres Computersystems.

Der Monitor ist die wichtigste Schnittstelle zwischen Anwender und System.

Objekte verknüpfen und einbetten (OLE)

Beim Installieren des Programms werden drei Dateien geladen, eine davon beschreibt ausführlich die neuesten Informationen zu **OLE.** Drucken Sie diese Datei aus, um zu den neuesten Informationen zu kommen, die QuarkXPress liefert. Wenn Sie noch ausführlichere Beschreibungen zu diesem Thema nachlesen möchten, schlagen Sie Kapitel 13 Ihres Microsoft Windows 3.1 Benutzer-Handbuch auf. Daten zwischen verschiedenen Programmen auszutauschen kann über die Zwischenablage praktiziert werden. Dieser statische Datenaustausch ist dann von Vorteil, wenn Sie nicht ständig eine Verbindung zu einem anderen Programm offen haben möchten.

OLE unterstützt zwei Arten Informationen in ein Dokument zu übernehmen: Man kann die gewünschte Information entweder in sein Dokument „einbetten", vergleichbar mit dem Kopieren über die Zwischenablage, oder für eine dauerhafte Verbindung (Link) zwischen Dokument und Quelle der Information einrichten, wie es bereits von DDE-Anwendungen bekannt ist.

Eine „eingebette" Information verändert sich nicht mehr, während bei der Herstellung einer Verbindung stets die aktuellen Informationen verwendet werden.

Einleitung zum Thema Object Linking and Embedding

Objekte verknüpfen und einbetten

Die Kommandos für **Einfügen, Spezial Einfügen, Einfügen-Link** und **Verknüpfung...** finden Sie im **Bearbeiten-Menü.** Mit dem Tastaturbefehl (Strg)+(⇧)+(I) rufen Sie die Verknüpfung zu **OLE** auf. OLE erlaubt Ihnen, Daten, genannt **Objekte**, zwischen verschiedenen *Anwendungen* zu bewegen, und diese Objekte sehr leicht zu aktualisieren.

Eine Anwendung, von der Sie die Daten beziehen, nennt man Quelle, eine Anwendung, die die Daten = Objekte bezieht, ist

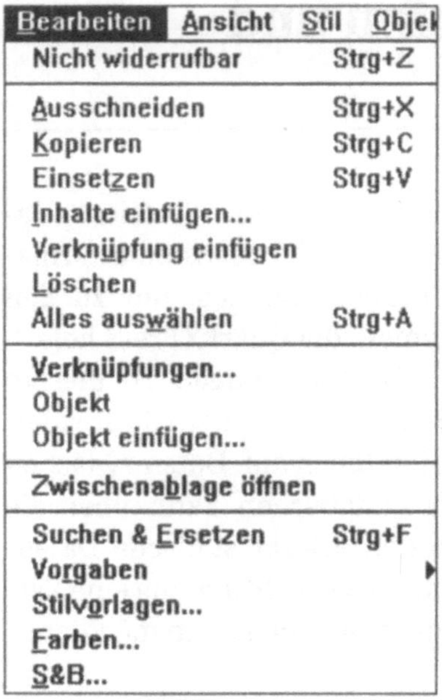

Abb. 19.1: Mit den oben abgebildeten Befehlen bauen Sie eine OLE-Verknüpfung auf.

der Client. QuarkXPress fungiert immer als Client, niemals als Quelle. Die nachfolgenden Programme arbeiten erfolgreich und getestet mit QuarkXPress:

CorelDraw! 3.0
Micrografx Charisma 2.1
Microsoft Excel 3.0 und höher
Microsoft Paintbrusch (die Version, die mit Windows 3.1 ausgliefert wird)
Draw, Graph, Der Formeleditor, der mit Word für Windows 2.0 geliefert wird.

Verfügen Sie über genügend Arbeitsspeicher, sollte es für Sie kein Problem sein, mit mehreren Programmen gleichzeitig zu arbeiten, Sie können also bedenkenlos über **OLE** verfügen.

Verschieden Kommandos erlauben es Ihnen, mit OLE die Arbeit zu verkürzen. Um mit OLE arbeiten zu können, müssen Sie ein Bildfenster aufziehen. Stellen Sie sicher, daß das Einfüge-Werkzeug aktiv ist. Mit dem **Befehl** Strg + ⇧ + I rufen

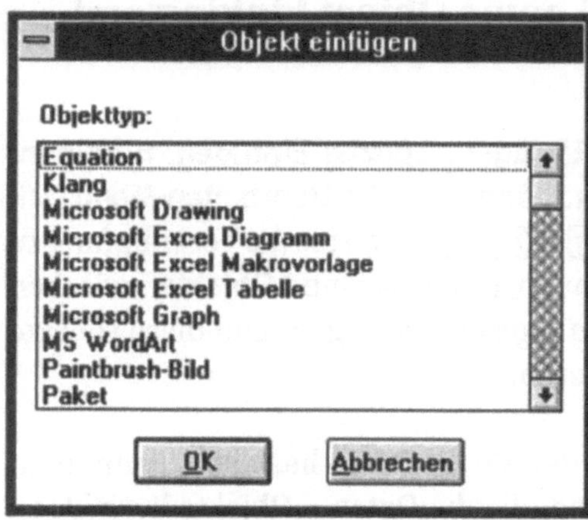

Abb.19.2:
In diesem Rollfenster wählen Sie das Programm = Applikation oder Anwendung aus, mit dem Sie zusammenarbeiten möchten.

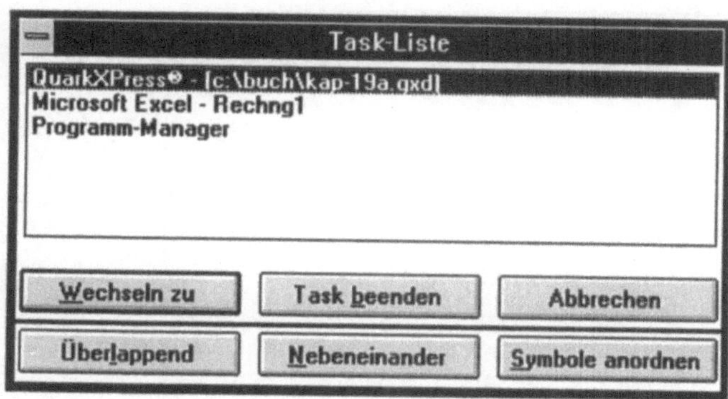

Abb. 19.3:   Über die **Task-Liste** gelangen Sie in die anderen Programme, öffnen Sie jedoch nur die Programme, die Sie unbedingt benötigen.

Sie ein Fenster auf, siehe Abbildung 19.2, in dem Sie die
Anwendung = das Programm auswählen, das mit dem aktivierten Bildfenster verknüpft werden soll. Oder Sie benutzen einen
der Befehle **Einfügen, Einfügen-Spezial oder Einfügen-
Verknüpfen**, um ein Objekt über die Zwischenablage aus der
Quell-Applikation einzubetten.

OLE ermöglicht Ihnen zwischen den Programmen: *Draw,
Graph, Chart, Kalkulationsprogramm*, und dem *Formel-Editor*
zu wählen, die mit QuarkXPress zusammenarbeiten. Sie können mit diesen Zeichen-Programmen Ihre Illustrationen anfertigen, die Sie in QuarkXPress benötigen, um sie dann in das
Bildfenster zu importieren. Wenn Sie ein OLE-Objekt bearbeiten möchten, wechseln Sie in das *Tabellenkalkulations-Programm Excel*, aktualisieren dort Ihre Tabelle, wechseln über
den **TASK-Manager** zurück in QuarkXPress. Durch einen
Doppel-Klick im QuarkXPress-Bildfenster kommen Sie sofort
in die Quell-Anwendung.

Die Reihenfolge, um eine OLE-Verknüpfung aufzubauen

1. Sie entscheiden sich für das entsprechende Programm, das
   Sie verwenden möchten, um das derzeit aktuelle QuarkX-
   Press-Dokument zu ergänzen. Zum Beispiel, wenn der Kunde für einen Geschäftsbericht seine Tabellen mit *Excel 4.0*
   erstellt hat und Ihnen die Dateien geliefert hat.

Monat	Q1	Q2	Q3	Q4	Total
Saisonfaktor	0,9	1,1	0,8	1,2	
Verkaufte Stückzahlen	3.592	4.390	3.192	4.789	15.962
Verkaufseinnahmen	143.662 DM	175.587 DM	127.700 DM	191.549 DM	638.498 DM
Verkaufskosten	89.789	109.742	79.812	119.718	399.061
Bruttohandelsspanne	53.873	65.845	47.887	71.831	239.437
Personalkosten	8.000	8.000	9.000	9.000	34.000
Werbung	10.000	10.000	10.000	10.000	40.000
Firmenfixkosten	21.549	26.338	19.155	28.732	95.775
Gesamtkosten	39.549	44.338	38.155	47.732	169.775
Produktgewinn	14.324 DM	21.507 DM	9.732 DM	24.099 DM	69.662 DM
Gewinnspanne	10%	12%	8%	13%	11%

Produktpreis	40,00 DM
Produktkosten	25,00 DM

Abb. 19.4: Tabellen aus Kalkulationsprogrammen sind ideal geeignet für eine OLE-Anwendung

2. Sie stehen in QuarkXPress an der Stelle in Ihrem Dokument, an der die Tabelle eingefügt werden soll.

3. Sie öffnen die **Task-Liste**, indem Sie (Strg) + (Esc) tippen, über den Programm-Manager öffnen Sie das Programm Excel und rufen die gelieferte Tabelle für den Geschäftsbericht auf.

4. Der Bereich, der in das QuarkXPress-Dokument übernommen werden soll, wird von Ihnen markiert.

5. Im **Menü Bearbeiten** aktivieren Sie **Kopieren**, im selben Menü aktivieren Sie dann **Verknüpfung einfügen**.

6. Im QuarkXPress-Dokument muß ein Fenster aufgezogen sein, oder Sie müssen jetzt ein Fenster aufziehen und das **Einfüge-Werkzeug** aktivieren.

7. Im **Menü Bearbeiten** klicken Sie jetzt das Feld **Einfügen-Verknüpfung** an.

8. Der markierte Bereich aus der Excel-Datei erscheint in dem Bildfenster.

9. Durch zweimaliges schnelles Klicken in das Tabellen-Fenster kommen Sie sofort in die Excel-Datei zurück und können die Prozedur erneut durchführen, wenn Sie festgestellt haben, daß der markierte Bereich nicht Ihren Vorstellungen entspricht oder Sie eine andere Änderung vornehmen wollen.

Die nebenstehende kleine Grafik wurde mit dem Programm Paintbrush erstellt, der Bereich, der In QuarkXPress erscheinen soll, muß mit dem *Ausschneide-Werkzeug in Paintbrush* markiert werden, der Bereich muß kopiert werden, man kann das Programm Paintbrush beenden. Es muß auch hier ein Fenster im Quark-Dokument aufgezogen werden, Das 🔛 *Einfüge-Werkzeug* von QuarkXPress muß aktiv sein. Im **Menü Bearbeiten** klicken Sie **Einfügen-Verknüpfung** an und haben damit die OLE-Verbindung zu der Datei aus Paintbrush aufgebaut. Zur Kontrolle können Sie zweimal in das Bild klicken.

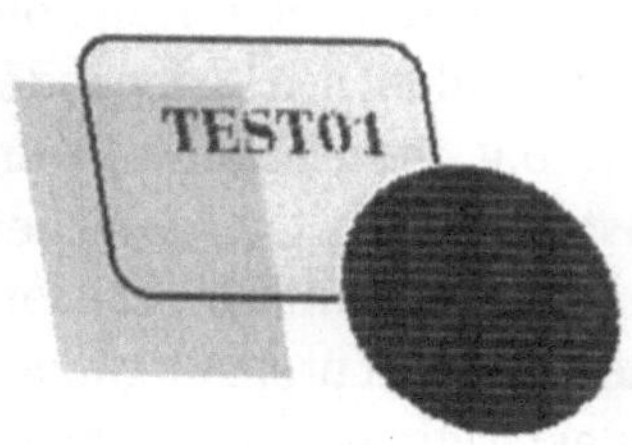

Abb. 19.5: Eine Möglichkeit, Muster aus anderen Programmen zu verwenden, die es in QuarkXPress nicht gibt.

QuarkXPress stellt Ihnen eine umfangreiche Anzahl von Möglichkeiten zur Verfügung, Bilder zu aktualisieren, zu bearbeiten und zu drucken. Sie können die Bilder überprüfen, egal ob Sie die Bilder importiert haben im **Menü Ablage, Bild laden,** (Strg) + (E), oder ob Sie über die Zwischenablage ein Bild eingefügt haben.

Wenn Sie ein Bild importiert haben mit dem Befehl (Strg) + (E), können Sie in den Voreinstellungen, **Menü Bearbeiten, Vorgaben, Allgemein,** (Strg) +(Y) **Automatischer Bezug** anklicken, so daß eine Änderung des importierten Bildes in dem QuarkXPress-Dokument ebenfalls automatisch geändert wird. Die Bildkontrolle finden Sie im Menü **Hilfsmittel, Bildübersicht**. In diesem Fenster werden Ihnen die **Namen** der importierten Bilder angezeigt, die **Seitenzahl**, der **Bild-Typ** und der **Status**.

Wenn Sie im Menü **Bearbeiten** mit den Befehlen **Einfügen, Einfügen-Spezial** und **Einfügen-Verknüpft** und mit dem Tastatur-

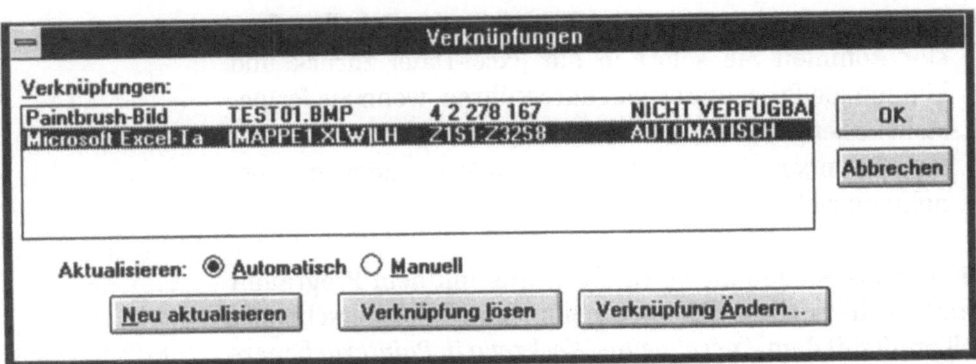

Abb. 19.6:   In diesem Fenster kontrollieren Sie die verknüpften Bilder aller OLE-Programme.

Befehl ⌈Strg⌉ + ⌈⇧⌉ + ⌈I⌉ Bilder einfügen, einbetten oder verknüpfen, so verwenden Sie die **OLE**-Möglichkeiten des Programms. Um bei diesen Bildern eine Kontrolle vorzunehmen, öffnen Sie das Menü **Bearbeiten, Verknüpfungen ...**

Sie finden also auch bei den OLE-Bildern die selbe Kontroll-Möglichkeit vor, wie bei den importierten Bildern in Strich- oder Halbtonmanier. Mit den aufgelisteten o.g. Programmen, wurden gute Druckergebnisse erzielt, testen Sie selbst, mit welchen anderen Programmen Sie welche Druckergebnisse erzielen. Wenn Sie Bilder verknüpfen, erhalten Sie vom ursprünglichen Bild einen „sogenannten Vertreter" des Originals. Änderungen, die Sie am Original vornehmen, werden in das QuarkXPress-Dokument übertragen, aber es handelt sich auch wiederum nur um eine grafische Wiedergabe vom Original. Auch bei den Bildern, die mit **Einfügen-Verknüpft** in das QuarkXPress-Dokument gelangt sind, handelt es sich nicht um das Original.

Beispiele aus der Anwender-Praxis

Echtzeitbewegung und Verschiebehand

Wenn Sie die weiße Box auf dem Rollbalken bewegen, ist es oft sehr schwer an die gewünschte Seite oder Stelle einer Seite zu gelangen. Der Grund ist, der senkrechte Rollbalken repräsentiert das gesamte Dokument, während der waagerechte Rollbalken die gesamte Arbeitsfläche repräsentiert. Falls Sie mehrere Arbeitsseiten eingerichtet haben, kann die Arbeitsfläche sehr groß sein.

Mit der Verschiebehand nutzen Sie das Scrollen des Monitorfensters besser aus

Wenn Sie beim Bewegen der weißen Box im Rollbalken, die Alt-Taste festhalten, sehen Sie, wohin das Dokument bewegt wird (dies nennt man Live-Scrolling = Echtzeitbewegung). Sie können ebenso in den Voreinstellungen **Menü Bearbeiten, Vorgaben, Programm, Echtzeitbewegung** für alle Dokumenmte einstellen oder ausschalten. Zeitweilig stellen Sie **Echtzeitbewegen** aus, indem Sie die Alt-Taste drücken und das Dokument bewegen.

Unter dem **Feld Echtzeitbewegung** befindet sich das **Feld Verschiebehand**. Aktivieren Sie das Feld Verschiebehand, ist es möglich, die Bildschirmseite in jede beliebige Richtung zu verschieben. Dabei muß die Alt-Taste gedrückt werden

Der Gebrauch von runden Zahlen bei den Maßangaben

Versuchen Sie bei den Maßangaben runde Zahlen zu verwenden. Wie Sie wissen, rechnet das Programm alle Angaben auf die voreingestellten Werte um. Sie können folgenden Wert eingeben: 8p3.351. Wird ein Objekt aufgezoen, zum Beispiel ein Textrahmen, baut QuarkXPress das Objekt Pixel für Pixel auf. Der Bildschirm wird Pixel für Pixel aufgebaut, die Objekte werden Punkt für Punkt berechnet und am Bildschirm dargestellt. Das Programm berechnet also die Maßangaben, die Sie eingeben. Der Microprozessor rechnet in Inches, also Zoll, Schriftgrößen werden in Point definiert, Rahmen durch die Voreinstellungen in Millimeter, Linienabstand von der Schriftlinie gemessen in % usw, jedesmal findet ein beachtlicher Rechenprozeß statt.

Wegen des Umrechnens von einer Maßeinheit zur anderen Maßeinheit, treten Rundungsungenauigkeiten auf. Dies können Sie einschränken, indem Sie runde Zahlen verwenden und auf drei Stellen hinter dem Komma verzichten.

Akkurate Lineale

Das Arbeiten mit einem DTP-Layoutprogramm ist bei den meisten Anwendern visuell orientiert. In den seltesten Fällen werden alle einstellungen über das **Dialogfenster** Strg + M vorgenommen oder über die Mapßpalette. Ziehen Sie einen Textrahmen auf, sind die Werte in den meisten Fällen mit drei Stellen hinter dem Komma versehen. Arbeiten Sie im 400%-Bildschirm-Modus können Sie die Lineale besser ablesen.

Ziehen Sie Bildrahmen oder Textfenster auf, bei denen es um absolute Genauigkeit geht, sollten Sie in der größtmöglichen Bildschirmdarstellung arbeiten. Das Setzen von Hilfslinien, Textrahmen und Bildrahmen kann besser am Lineal abgelesen werden, die Maße sind runde Werte, Sie sparen etliche Zeit, anschließend die Werte in der Maßpalette oder im Dialogfenster zu ändern.

Kopieren und Einfügen von Maßeinheiten

Eine sehr nützliche, aber oft übersehene Funktion ist die Möglichkeit Parameter aus der Maßpalette zu kopieren und anderen Objekten zuzuweisen. Im Extremfall können Sie alle Attribute der Maßpalette wie zum Beispiel x-, y-Koordinaten, Breite und Höhe, Rotation kopieren und einer anderen Maßpalette hinzufügen, so daß die Parameter der ersten exakt auf die zweite Maßpalette übertragen werden.

Zwei Objekte sollen die selbe Höhe erhalten:

1. Das erste Objekt aktivieren.
2. Doppelklick in das **Feld Höhe (H:)** in der maßpalette, so daß das maß ausgewählt ist.
3. (Strg) + (C), die Angaben sind in die Zwischenablage gespeichert.
4. Das zweite Objekt aktivieren.
5. Das **Feld Höhe (H:)** in der Maßpalette auswählen.
6. (Strg) + (V), die Maßeinheit aus der Zwischenablage wird eingefügt.
7. Jetzt außerhalb der Palette klicken oder die (⇆)-Taste oder die (Enter)-Taste betätigen.

Das zweite Objekt hat nun die selbe Höhe wie das erste Objekt. Diese Funktion ist dann sehr nützlich, wenn Sie Maße übertragen wollen auf unterschiedlichen Seiten. Sie erhalten dann identische Einstellungen auch in Bezug auf die Position des jeweiligen Objektes.

So nehmen Sie Unterstreichungen vor

Drei Möglichkeiten stehen Ihnen zur Verfügung. Probieren Sie die jeweilige selbst aus.

Die erste Methode ist, SHIFT + UNDERLINE zu verwenden. Es ist die Unterstreichungs-Taste, wie sie bei der Schreibmaschine zum Einsatz kommt. Sie betätigen die Tasten (⇧) + (‒) Es ist die unprofessionellste Weise, auf diese Art Linien zu erzeugen.

Die zweite Methode besteht darin, Tabulatoren und Füllzeichen zu verwenden. Setzen Sie an den rechten Rand des Absatzes einen rechtsbündigen Tabulator. Weisen Sie dem tabulator das Füllzeichen (⇧) + (‒) zu.

Das Resultat, der Tabulator wird mit einer Linie ausgefüllt. Bei dieser Methode können Schwierigkeiten vorkommen. Einmal, die Unterstreichungen berühren sich nicht, weil sie nicht den gesamten Schriftkegel ausfüllen. Indem Sie die Unterstreichung markieren und allen Zeichen -20 Unterschneidung zuweisen, verhindern Sie den oben geschilderten Effekt. Der weitere Nachteil, Sie können die Stärke des Zeichens nicht bestimmen. Eine Möglichkeit, dieses trotzdem zu beeinflussen, besteht darin, Sie weisen den Zeichen einen anderen kleineren Schriftgrad zu, mindestens drei Grad kleiner.

Bei der dritten Methode, können Sie die Einstellungen professionell vorneh,men. Sie wählen die Einstellung Linien unter einem Absatz. Strg + N ermöglicht es, den Einzug zu bestimmen, die Linienart, die Linienstärke zu definieren.

Diese Auslinierungen stehen wie im Fotosatz auf der Höhe der Schriftlinie. Mit der ersten und zweiten Methode ist es nicht immer garantiert, daß die Linie exakt auf der Schriftlinie steht. Mit der dritten Methode geschieht dfas automatisch. Die Voreinstellung ist 0%, d. h., die Linie steht sofort auf der Schriftlinie.

Die drei Beispiele zeigen die jeweilige Methode:

1. **Auslinieren mit der**   Name:___________________________
   Unterstreichungslinie   Vorname:________________________
2. **Tabulatoren**   Straße:_________________________
                                   Ort: ___________________________
3. **Linie unter Absatz**   Firma:__________________________
                                   Telefon:________________________

Schnell die Schriftgröße ändern

Es ist sehr einfach, jedoch sehr effektiv. Wenn Sie in einer Auswahl die Schriftgröße ändern möchten, benutzen Sie die folgenden Tastatur-Kürzel: Strg + ⇧ + . verändert den Text um einen Punkt nach oben zum nächsten Schriftgrad.

Mit dem **Befehl** Strg + Alt + ⇧ . wird der Text um einen Punkt verkleinert.

Diese Befehle sind dann sehr praktisch, wenn Sie Text vergrößern oder verkleinern möchten, wenn sich in der Auswahl unterschiedlich große Schriftgrade befinden. Sie können schnell den Text vergrößern oder verkleinern bis Sie die gewüschte Einstellung gefunden haben.

Zwei Methoden Schrift mit einem Schatten darzustellen

Setzen Sie einen Text, der besonders hervorgehoben werden soll, so können Sie die Option Schattieren aus der Maßpalette wählen. Handelt es sich um eine einzeilige Überschrift, setzen Sie den Text bold und schattiert. Sie erzielen eine bessere Lesbarkeit, indem Sie den Text sperren, besonders dann, wenn womöglich noch ein farbiger Fond unter der Schrift steht.

Schrift durch Schattierungen hervorheben ist riskant!

Schrift bold und schattiert

Schrift durch Schattierungen hervorheben ist riskant!

Schrift mit 20 Einheiten gesperrt

Setzen Sie einen Textrabmen, dem Sie im Menü Stil, Tonwert einen Wert von 20% zuweisen. Stellen Sie den Textrahmen so ein, daß die Maße leicht dupliziert werden können, links Null, Höhe und Breite in runder Wert. Duplizieren Sie den Textrahmen mit dem befehl (Strg) + (D). Markieren Sie den Inhalt, weisen Sie dem Text 100% Tonwert Schwarz zu. Der Textrahmen mit 15% und der Textrahmen mit 100% stehen deckungsgleich übereinander. Die beiden Textrahmen sind in der Funktion **Umfließen** auf **NICHT** eingestellt.

Dem unteren Rahmen wurden 100% Gelb zugewiesen. Der Schatten besteht aus 20% Grau.

Die versetzten Textrahmen richten sich nach der Schriftgröße, je größer die Schrift, desto weiter kann der Schatten entfernt plaziert werden.

Linienrahmen mit Gehrungen

Das Linienangebot von QuarkXPress umfaßt neun Linienarten. Für gewöhnliche Zwecke mögen sie ausreichen, jedoch in einer Anzeigensetzerei werden noch weitere Linien bzw. Rahmen verlangt. Eine oft vorkommende Art, eine Anzeige einzurahmen besteht darin, den Text mit einem Gehrungsrahmen zu versehen. Mit dem Polygonwerkzeug ist es auch in QuarkXPress möglich. Nachdem Sie den Rahmen konstruiert haben, legen Sie diesen in einer Linien-Bibliothek ab. Er steht Ihnen dann immer wieder zur Verfügung.

Bundesverband der Verarbeitendenindustrie sucht zum nächstmöglichen Termin eine

Sekretärin/Sachbearbeiterin

für anspruchsvolle Arbeiten in einem fünfköpfigen Team.
Ein modernes Textverarbeitungssystem wird Ihre Arbeit erleichtern.

Gerätegemeinschaft Hartschaum GmbH

Mannheimer Platz 67
6500 Offenbach am Main

Ein Polygon ist veränderbar, d. h., Sie können für jede Anzeigengröße die Maße ändern. Sie können das Raster, die Füllung, die Linienstärke den Kundenwünschen anpassen. Arbeiten Sie im 400%-Modus, benutzen Sie Hilfslinien und versetzen Sie den Nullpunkt, damit Sie besser die Lineale ablesen können.

Wenn Sie die geraden Linien ziehen, halten Sie die ⇧-Taste fest, die Linien richten sich dann an der Geraden aus. Sowohl bei den senkrechten als auch bei den waagerecht erhalten Sie dadurch glatte Linien. Der Winkel des Polygons ist auf 45° voreingestellt.

Logos erzeugen mit den Werkzeugen von QuarkXPress

Mit den Werkzeugen Oval und Polygon können Sie viele geometrische Figuren nachzeichnen. Die nachfolgenden Abbildungen wurden aus der Tageszeitung eingescannt. Die danebenstehende Abbildung wurde mit QuarkXPress nachgebaut.

Die Seite mit dem Logo wurde dann als EPS abgespeichert, so daß es als Bild in einem neuen Bildrahmen eingesetzt werden kann. Im Dialogfenster **Befehl** [Strg] + [M] scalieren Sie die Abbildung.

Ein Oval hat nur vier Henkel und vier Eckpunkte.

Der Weg zum Logo besteht aus folgenden Schritten:

1. Sie ziehen ein Oval auf, ziehen das Oval über das TIFF und stellen die selben Konturen ein.
2. Sie markieren das Oval.
3. Sie öffnen das Objekt-Menü, ändern das Oval in ein Polygon.
4. Jetzt ist die Option Polygon bearbeiten aktiv, Sie sehen einenHaken vor dem Menütext. Das Oval besitzt jetzt zahlreiche Polygonanfasser.
5. Sie ziehen die Polygonpunkte zum Mittelpunkt des Ovals, bis ein ¾-Oval entsteht. Achten Sie darauf, daß die zusammengeschobenen Polygonpunkte genau übereinander stehen.
6. Sie füllen den Inhalt mit 100% Schwarz.
7. Sie duplizieren das Objekt, weisen dem Inhalt Weiß zu, definieren den Rahmen mit 0,5 Point Linienstärke.
8. Durch Drehen um -180° stehen die beiden Objekte so zueinander wie in der Vorlage.
9. Als EPS abgespeichert ist es Scalierbar und kippbar.

Das Oval in ein Polygon verwandelt, weist zahlreiche Henkel auf.

Eine gute Vorlage, eingescannt in das Dokument als TIFF plaziert, ist natürlich der bessere und einfachere Weg.

Das nebenstehende Firmenlogo des Unternehmens RAAB ist ebenfalls eine geometrische Figur. Sie basiert auf einem Quadrat. Man könnte das Quadrat in ein Polygon verwandeln, zwei Seiten nach innen ziehen. Die weiteren „Pfeilspitzen" sind sehr schnell mit der Funktion **Mehrfach duplizieren** zu der gewünschten Gruppe formatiert. Bei dieser Grafik ist auch eine bessere Qualität zu erreichen als in dem oben aufgezeigten Beispiel, es kommen keine Linien vor.

Beim Anlegen von runden Linien ist selbstverständlich ein Programm, wie *CorelDraw* unabdingbar, denn nur mit Bezier-Kurven kann man einwandfreie Kreise oder Ovale modifizieren.

Auch ohne CorelDraw oder Designer zu benutzen, kann man mit den Werkzeugen in QuarkXPress viele geometrische Figuren erzielen.

Was verbirgt sich alles unter der Tastatur?

Windows verwendet für die Darstellung der Zeichen nicht den ASCII-Zeichensatz, sondern den ANSI-Zeichensatz. Mit der grafischen Benutzeroberfläche steht Ihnen ein erweiterter Zeichensatz zur Verfügung, in dem zahlreiche Sonderzeichen vorkommen.

Rufen Sie die **Zeichentabelle** auf, so sehen Sie in einem Fenster alle vorkommemnden Buchstaben, indem Sie die entsprechende Schrift wählen, zum Beispiel die Utopia.

Zahlreiche Akzentbuchstaben ergänzen das normale Alphabeth. Sie finden für die französische Sprache alle Akzentbuchstaben. Für spanische, portugisische und slowakische Wörter sind einige Akzentbuchstaben vorhanden. Welche Akzentbuchstaben pro Alphabeth vorkommen, können Sie im *Dudentaschenbuch „Satz- und Korrekturanweisungen" Seite 173ff.* nachlesen. Führen Sie eine Satzarbeit mit türkischem oder polnischem Text aus, können Sie den Text nur dann richtig setzen, wenn Sie für die jeweilige Sprache den Landeszeichensatz kaufen und installieren.

Die Tastatur muß ebenfalls umgestellt werden. Eine Notlösung ist es, die türkischen Zeichen auf Ihre Tastatur zu klebnen.

Das nachfolgende Beispiel soll Ihnen demonstrieren, wie umfangreich eine komplette Schrift angeboten werden kann. Für die Utopia erhalten Sie für jeden Schriftschnitt einen eigenen Zeichensatz. Sie erhalten für diese Schrift folgende Schriftschnitte: Utopia Regular, Utopia Semibold, Utopia Bold und Utopia Black. Die Kursivschriften, wie *Utopia Semibolditalic,* sind ebenfalls separat und müssen beim Auszeichnen dieser Schrift gesondert angewählt werden. Sie sollten auf keinen Fall die normale Utopia schräg stellen.

Da in dem normalen Zeichensatz nicht genügend Felder für weitere Buchstaben vorhanden sind, wird eine zusätzliche Schrift angeboten, die Utopia Expert heißt. Für zahlreiche andere Antiquaschriften gilt ebenfalls dieses Beispiel.

Die Schrift Utopia ist eine klassische Antiqua, die in ihrem
Lieferumfang alle vorkommenden Zeichen des ANSI-Zeichen-
satzes zur Verfügung stellt. Benötigen Sie den Bruch ⅓, steht er
im Zeichensatz UtopiaExpert. Die Qualität eines gelieferten
Zeichens ist um ein Vielfaches besser als ein „Eigenbau".

Utopia Regular mit dem kompletten ANSI-Zeichensatz
ABCDEFGHIJKLMNOPQRSTUVWXYZÄÖÜ
abcdefghijklmnopqrstuvwxyzäöü
^1234567890ß´#+<,.-°!"§$%&/()=?`'*_:;>
@[\]^`ƒ„…†‡ˆ‰Š‹Œ ''""•——˜™ š›œ ¡¢£¤¥¦§¨ª«¬-®
°±²³´µ¶·¸¹º»¼½¾¿ÀÁÂÃÄÅÆÇÈÉÊËÌÍÎÏÐÑ+ÓÔÕÖ
×ØÙÚÛÜÝÞßàáâãäåæçèéêëìíîïðñòóôõö÷øùúûüý
þÿ

Utopia Semibold
ABCDEFGHIJKLMNOPQRSTUVWXYZÄÖÜ
abcdefghijklmnopqrstuvwxyzäöü
^1234567890ß´#+<,.-°!"§$%&/()=?`'*_:;>

Utopia Bold
ABCDEFGHIJKLMNOPQRSTUVWXYZÄÖÜ
abcdefghijklmnopqrstuvwxyzäöü
^1234567890ß´#+<,.- $$ /()—   ..¯:;·

Utopia Black
ABCDEFGHIJKLMNOPQRSTUVWXYZÄÖÜ
abcdefghijklmnopqrstuvwxyzäöü
^1234567890ß´#+<,.-°!"§$%&/()=?`'*_:;>

Utopia Expert Regular
abȼde   i lmno   rst ff fi fl ffi ffl

ABCDEFGHIJKLMNOPQRSTUVWXYZ
ˆ1234567890Ž .',.-¡!˜ $$&/()—?`´..¯:;·
 ( )ˆ`⅓Ã¹ ÀÖÄ ȼ⁶ ₂₃₀₁ ⁸⁹Œˇ $⁷ ⅜¢£₉   ⅝-¨¡
   ŠÁÜ ¼⁰ ⅛³ÇÅ⁴   É ÆÈÍÊËÌ .ÎÏ⁵ ¯ÔÒÓ
   Ž   ¾   ₄ɀ   ₆

Utopia Titling

ABCDEFGHIJKLMNOPQRSTUVWXYZÄÖÜ

1234567890 ´   ,.- ! $%&/() ?` *_:;
[ ] `ƒ„...   ^ Š‹Œ ''""•——˜™ › ¡¢£ ¥ ¨ª« -®
±²³´µ ·‚¹º» ¿ÀÁÂÃÄÅÆÇÈÉÊËÌÍÎÏÐÑ ÓÔÕÖ
ØÙÚÛÜÝÞ

Utopia-Ornaments

❦ ❧ ☙

Was bedeuten diese drei Zeichen? Es handelt sich ebenfalls um einen eigenständigen Font. Für Gedichtsatz oder ähnliche Werke finden diese Ornamente Verwendung. Da es sich um Buchstaben handelt, sind sie leicht in jedem Text unterzubringen.

Woran ist nichtprofessioneller Satz zu erkennen?

An den An- und Abführungszeichen, die zur Kennzeichnung von wörtlicher Rede, Zitaten, doppelsinnigen Wörtern und Redewendungen verwendet werden. Es werden im deutschen Sprachgebrauch mehrere Formen unterschieden: „Gänsefüßchen", »spite« und ‚halbe Anführungen'.

„ = Alt + 0132   " = Alt + 0147
» = Alt + 0187   « = Alt + 0171
‚ = Alt + 0130   ' = Alt + 0145

Am falschen Gedankenstrich; der halbgeviertbreite Gedankenstrich wird zur Darstellung einer Gedankenpause verwendet. Darüberhinaus dient er zur Trennung von Rede und Gegenrede, als Minusstrich, Nullersatzstrich DM 5,–), Streckenstrich (Hannover–Hamburg) und als Ersatz für die Klammerzeichen. Zwischen den Wörtern und dem Gedankenstrich wird ein etwas verringerter Wortzwischenraum gesetzt. Ein als Streckenstrich dienender Gedankenstrich wird ohne Zwischenraum gesetzt. Ersetzt der Bindestrich das Wort »bis«

8-10 Punkt), wird er ohne Zwischenraum gesetzt. Der geviertlange Gedankenstrich (—) sollte nicht verwendet werden.

Der Bindstrich (Teilungsstrich, Divis) kennzeichnet eine Silbentrennung oder ein „Kuppelwort". Ersetzt der Bindestrich das Wort »gegen« (Hannover 96 - Werder Bremen) wird der Wortzwischenraum etwas reduziert. Kennzeichnet das Divis gemeinsame Wortbestandteile (Setzerleid und -freud), steht es unmittelbar am gekürzten Wort und hält einen normalen oder etwas geringeren Abstand zum Bindewort. Bei Kuppelwörtern (Cicero-Geviert) wird es ohne Zwischenräume gesetzt. Bei großer Zeilenlänge dürfen vor und nach einem Divis kleine Weißräume stehen.

Weitere negative Erkennungsmerkmale sind falsch gesetzte Preisangaben, falsch gesetzte Telefon-Nummern und falsche Bruchziffern.

Der ANSI-Zeichensatz

Anhand der Tabelle können Sie sofort erkennen, mit welchen Tastenfolgen der jeweilige Buchstabe erzeugt werden kann. Die wichtigsten sollten Sie sich einprägen. Es sind die deutschen Gänsefüßchen und der richtige Gedankenstrich. Der Zeichensatz beginnt mit dem Dezimal-Code 33, die darüberliegenden Zeichen sind nicht mit Satzzeichen belegt. Erscheint hinter der Dezimal-Nummer nichts, in dem jeweiligen Zeichensatz ist diese Stelle ebenfalls nicht belegt.

Am Monitor sehen Sie ein „U", es ist ein „nichtdruckendes" Zeichen!

Die Zeichen hinter der Dezimalstelle sind die Buchstaben des Alphabeths der Grundschrift dieses Buches, es ist die Centennial. Die Sonderzeichen stammen von der Schrift Zapf Dingbats. Schalten Sie auf der Zehnertastatur die **NUM**-Taste ein, tippen Sie Alt + 0 1 5 0 erhalten Sie den ¾-langen Strich.

Bei technischen Publikationen werden sehr oft Sonderzeichen und Griechische Buchstaben gebraucht. Diese Zeichen finden Sie in der Schrift Symbol. Der dritte Zeichensatz in der unter abgebildeten Tabellen ist der Zeichensatz Symbol. Öffnen Sie die Zeichentabelle, werden Sie mit einem Blick feststellen, daß sehr viele Buchstaben nicht belegt sind, deshalb die großen Lücken.

Nr.	Centennial	Zapf Dingbats	Symbol	Nr.	Centennial	Zapf Dingbats	Symbol	Nr.	Centennial	Zapf Dingbats	Symbol	Nr.	Centennial	Zapf Dingbats	Symbol
0 bis 32 nicht belegt				46	.	✎	.	62	>	✞	>	78	N	★	N
				47	/	✏	/	63	?	✝	?	79	O	✩	O
				48	0	✑	0	64	@	✠	≅	80	P	☆	Π
33	!	✂	!	49	1	✣	1	65	A	✿	A	81	Q	✳	Θ
34	"	✂	∀	50	2	✤	2	66	B	✛	B	82	R	✴	P
35	#	✄	#	51	3	✓	3	67	C	✜	X	83	S	✳	Σ
36	$	✄	∃	52	4	✔	4	68	D	✚	Δ	84	T	✳	T
37	%	☎	%	53	5	✕	5	69	E	✜	E	85	U	✳	Y
38	&	✆	&	54	6	✖	6	70	F	◆	Φ	86	V	✳	ς
39	'	⊛	∍	55	7	✗	7	71	G	◇	Γ	87	W	✳	Ω
40	(	✈	(	56	8	✘	8	72	H	★	H	88	X	✳	Ξ
41	)	✉	)	57	9	✚	9	73	I	☆	I	89	Y	✳	Ψ
42	*	☛	*	58	:	✚	:	74	J	✪	ϑ	90	Z	✹	Z
43	+	☞		59	;	✜	;	75	K	☆	K	91	[	✳	[
44	,	✌	,	60	<	✜	<	76	L	★	Λ	92	\	✳	∴
45	-	✍	–	61	=	✝	=	77	M	★	M	93	]	✳	]

Code				Code			Code				Code		
94	^	❀	⊥	135	‡		176	°	⑤	°	217	Ù	→ ∧
95	_	❀	ˍ	136	ˆ		177	±	⑥	±	218	Ú	↗ ∨
96	`	❀		137	‰		178	²	⑦	²	219	Û	→ ⇔
97	a	✿	α	138	Š		179	³	⑧	≥	220	Ü	→ ⇐
98	b	❂	β	139	‹		180	´	⑨	×	221	Ý	→ ⇑
99	c	✱	χ	140	Œ		181	µ	⑩	∝	222	Þ	→ ⇒
100	d	✲	δ	141			182	¶	❶	∂	223	ß	→ ⇓
101	e	✳	ε	142			183	·	❷	•	224	à	⇒ ◊
102	f	✺	φ	143			184	¸	❸	÷	225	á	⇒ 〈
103	g	✾	γ	144			185	¹	❹	≠	226	â	> ®
104	h	✼	η	145	‘		186	º	❺	≡	227	ã	> ©
105	i	✻	ι	146	’		187	»	❻	≈	228	ä	> ™
106	j	✽	φ	147	“		188	¼	❼	…	229	å	→
107	k	✶	κ	148	”		189	½	❽	|	230	æ	→
108	l	●	κ	149	•		190	¾	❾	—	231	ç	►
109	m	○	µ	150	–		191	¿	❿	↵	232	è	→
110	n	■	ν	151	—		192	À	①	ℵ	233	é	⇨
111	o	❑	ο	152	˜		193	Á	②	ℑ	234	ê	⇨
112	p	❐	π	153	™		194	Â	③	ℜ	235	ë	⇦
113	q	❏	θ	154	š		195	Ã	④	℘	236	ì	⇦
114	r	❐	ρ	155	›		196	Ä	⑤	⊗	237	í	⊗
115	s	▲	σ	156	œ		197	Å	⑥	⊕	238	î	⇨
116	t	▼	τ	157			198	Æ	⑦	∅	239	ï	⇨
117	u	◆	υ	158			199	Ç	⑧	∩	240	ð	
118	v	❖	ϖ	159	Ÿ		200	È	⑨	∪	241	ñ	⇨
119	w		ω	160			201	É	⑩		242	ò	⊃
120	x	|	ξ	161	¡	¶	202	Ê	❶	⊇	243	ó	→
121	y	|	ψ	162	¢	✂	203	Ë	❷	⊄	244	ô	↘
122	z	|	ζ	163	£		204	Ì	❸	⊂	245	õ	→
123	{	‘	{	164	¤	♥	205	Í	❹	⊆	246	ö	→
124	|	’	|	165	¥	♣	206	Î	❺	∈	247	÷	↖
125	}	“	}	166	¦		207	Ï	❻	∉	248	ø	→
126	~	”	~	167	§		208	Ð	❼	∠	249	ù	↗
127				168	¨	♣	209	Ñ	❽	∇	250	ú	→
128				169	©	♦	210	Ò	❾	®	251	û	→
129				170	ª	♥	211	Ó	❿	©	252	ü	→
130	‚			171	«	♠	212	Ô	→	™	253	ý	→
131	ƒ			172	¬	①	213	Õ	→	∏	254	þ	⇒
132	„			173		②	214	Ö	↔	√	255	ÿ	
133	…			174	®	③	215	×	↕	·			
134	†			175	¯	④ ↓	216	Ø	↘	¬			

Schräg-Satz

Wenn Sie Text modifizieren möchten, zum Beispiel zu Schrägsatz gestalten, ohne mit einem Bild-Element zu arbeiten, müssen Sie einen anderen Weg wählen. Eine Möglichkeit ist die Verwendung von Linien. Sie ziehen neben dem Text zwei diagonale Linien, die parallel verlaufen. Den parallelen Verlauf erreichen Sie, indem Sie die erste Linie durch **Mehrfach duplizieren** verdoppeln.

Die Linien werden im **Menü Objekt, Umfließen** eingestellt, so daß der Text entsprechend verdrängt wird. Weisen Sie den Linien eine Farbe zu, eine Farbe, die sich von den drei Hilfslinien unterscheidet. Nachdem Sie den Text formatiert haben und den Schrägsatz ausdrucken möchten, unterdrücken Sie im Dialogfenster (Strg) + **M** die aktivierte Linie, indem Sie das Fenster **Ausgabe unterdrücken** anklicken.

Die Linien werden nicht gedruckt. Die Linien verdrängen den Text, weil Sie im **Menü Objekte, Umfließen** die aktivierten Linien **mit Rahmen** definieren. Die Auswirkung sehen Sie auf dieser Seite. Die Linien sind zur besseren Unterscheidung farbig, was natürlich nur am Monitor zu erkennen ist.

Bei Stellenangeboten kommt diese Satzart des öfteren vor.

Rundsatz mit der Option Umfließen, Invertieren formatieren

Um Rundsatz zu gestalten, bedarf es etlicher Schritte. Die sollen exakt beschrieben werden, so daß Sie jederzeit Rundsatz formatieren können.

1. Sie ziehen einen Textrahmen auf.
2. Sie tippen den entsprechenden Text oder importieren Text.
3. Sie ziehen ein Oval-Bildfenster über den Text.
4. Sie wandeln das Oval in ein Polygon um, indem Sie im Menü Objekt **Bildrahmenform** aktivieren und in dem nachfolgenden Aufblendmenü das Symbol des Ovals in Polygon ändern.
5. Das **Polygon bearbeiten** aktivieren, so daß ein Haken vor dem Menüeintrag erscheint.
6. Sie öffnen **Umfließen** im **Menü Objekte**, aktivieren **Kontur manuell, 3 pt** und klicken **Invertieren** an.
7. Danach wandeln Sie das Polygon in ein Rechteck um. Wieder über das **Menü Objekte Bildrahmenform** machen Sie aus einem Polygon ein Rechteck.Der Text innerhalb des ehemaligen Ovals nimmt jetzt die Konturen des Ovals an. Das Ergebnis sehen Sie in der unter abgebildeten Darstellung.
8. Sie verhindern durch **Gruppieren** der Rundsatz-Elemente ein versehentliches Verändern des Rundsatzes.

Dieses
Dokument ist eine von mehreren mit Word gelieferten
Dateien, die zusätzliche Informationen zur Standard-Dokumentation
von Word, oder Informationen, die bei Drucklegung des Handbuches noch nicht
verfügbar waren, enthalten. Das Installationsprogramm installiert diese Dateien auf Ihrer
Festplatte im Word für Windows-Verzeichnis.

DRUCKER.DOC. Über die Verwendung von Druckern mit Word sowie Hinweise für das Beheben von
Problemen beim Drucken. Über das Konvertieren von Makros aus führeren Versionen von Word. Über
die mit Word gelieferten Makros und den Zugriff auf die eigentlichen Makros UMWINFO.DOC. Über
Limitationen bei der Dateiumwandlung und über besondere Umwandlungsoptionen. Die oben
aufgeführten Dateien wurden so formatiert, daß sie auf einem Hewlett-Packard LaserJet Serie II
mit einer Microsoft Z1 A-Kassette gedruckt werden können. Wenn Sie einen anderen
Drucker oder eine andere Kassette verwenden, zeigt Ihr System gewisse
Schriftarten eventuell nicht wie ursprünglich formatiert an, und
einige Textzeilen erstrecken sich vielleicht über

Die Zusammenarbeit mit Word for Windows kann auch über die Zwischenablage erfolgen.

Schrift in einem Bildrahmen modifizieren

Sie können Text in einem Zeichenprogramm erfassen, in unserem Fall war es das Grafikprogramm, das mit Word for Windows mitgeliefert wird.Der Text wurde in die Zwischenablage gestellt. In dem QuarkXPress-Dokument wurde ein Bildrahmen aufgezogen. Mit dem **Befehl** (Strg) + (V) wurde der gesetzte Text in den Bildrahmen plaziert.

Nun können Sie alle Möglichkeiten anwenden, die Ihnen QuarkXPress für die Bearbeitung eines Bildfensters bietet.Die Schrift kann gekippt werden. Der Bildhintergrund eingefärbt werden. Der Text muß im Grafikprogramm farbig definiert werden, in QuarkXPress kann der Bildinhalt nicht eingefärbt werden. Nur bei einem EPS oder TIFF ist das Einfärben des Bildinhaltes möglich.

Der Bildinhalt ist durch diese Prozedur eine PICT-Datei. Die Qualität des Ausdrucks kann unter Umständen nicht akzeptabel ausfallen.

Der bessere Weg ein Firmenlogo aus Schrift zu gestalten geschieht, indem Sie mit einem Grafikprogramm wie Freehand, Illustrator oder CorelDraw das Logo aufbauen. Ist das Logo fertig erzeugen Sie ein EPS-Bild von dem Logo. Das EPS-Bild wird in das QuarkXPress-Dokument importiert. Die Qualität wird einwandfrei, wenn dem Drucker die *„Printerfonts"* zur Verfügung stehen. Werden die Printerfonts nicht zum Drucker geschickt, wird die Schrift in der System-Schrift Courier gedruckt.

Seiten als EPS sichern

Es kann öfters vorkommen, daß Sie einen Teil einer QuarkX-Press-Seite oder die ganze Seite in einem anderen Programm einsetzen möchten. Selbstverständlich muß das andere Programm EPS unterstützen. Es ist gut vorstellbar, daß Sie eine oder mehrere QuarkXPress-Seiten in das *Präsentationsprogramm* von CorelDraw 3.0 integrieren möchten.

Bevor Sie eine Seite im **Menü Datei, Seite als EPS sichern ...,** sollte die Seite in Originalgröße am Bildschirm dargestellt sein. Desweiteren sollten Sie vermeiden eine QuarkXPress-EPS in ein zweite QuarkXPress-EPS zu plazieren. Es wird beim Drucken mit dem Laserdrucker und ganz besonders beim Belichten zu erheblichen Problemen führen. Es kann vorkommen, daß der Belichter stundenlang rechnet, die Zeit verstreicht und das Endergebnis frustrierend ist.

Arbeiten mit EPS „um die Arbeit zu retten"

Stellen Sie sich vor, Sie bearbeiten ein sehr kompliziertes und arbeitsintensives Layout. Plötzlich verlangt Ihr Kunde, jede Seite soll einheitlich in der Höhe und in der Breite verkleinert werden. Normalerweise müßten Sie jetzt das Layout total neu aufbauen. Unzählige Stunden vergehen und neue Fehler schleichen sich ein.

Eine Lösung besteht darin, jede Seite als EPS abzuspeichern. Sie plazieren die EPS-Datei in dem neuen QuarkXPress-Dokument mit den neuen Satzspiegelmaßen. Anschließend *„scalieren"* Sie das EPS und passen es damit dem neuen Layout an.

Arbeit retten mit Hilfsprogrammen

Es wiederfährt auch dem erfahrendsten Anwender. Die Datei ist gelöscht. Eingedeutschte Programme, wie zum Beispiel die *Norton-Utilities* sollten Sie in jedem Fall auf Ihrem System zur Verfügung haben. Die Arbeit damit „retten" können kann sehr beruhigend sein.

Kleinbilddias 24 x 36 mm in QuarkXPress

Sie sollen eine Publikation erstellen, der Kunde liefert 45 Kleinbilddias im Format 24 x 36 mm. Die Bilder sollen als Schwarz-
weiß Halbtonbild im Offsetdruckverfahren gedruckt werden.
Die Kosten sollen so niedrig wie irgend möglich gehalten werden.

Ein Graustufen-Monitor mit 256 Graustfen und einer Bildpunkte Auflösung von 1024 x 768 ist dann notwendig.

Sie besitzen einen Flachbett-Scanner der 256 Graustufen einfarbig erkennt. Die maximale Auflösung hardwaremäßig sind
300 dpi, bis zu 600 dpi können Sie per Scannprogramm die
Vorlagen einscannen. Ist es möglich, den Auftrag in eigener Re-
gie durchzuführen? Die Kosten sollen so niedrig wie möglich
ausfallen. Der Kunde kann keine anderen Bildvorlagen liefern.

Die Kleinbilsdias können in keinem Fall mit einem Flachbrett-
Scanner eingescannt werden. Dazu benötigt man einen Trom-
melscanner. Diese Kosten sollen eingespart werden. Durch
eine Zwischenstufe können Sie Ihren eigenen Scanner verwenden. Von jedem Dia wird ein 9 x 13 cm Fotopapierabzug
hergestellt. Achten Sie darauf und bestehen Sie darauf, daß
kein Hochglanzfoto sondern ein Foto auf mattem und glattem
Papier hergestellt wird.

Niemals genarbtes Fotopapier einscannen. Das Ergebnis ist unbrauchbar.

Der Grund, die Hochglanzoberschicht kann auf der Scanner-
Glasscheibe zu Reflektionen führen. Die Kosten für einen Pa-
pierabzug liegen bei zirka 1 DM pro Bild. Das spätere Endfor-
mat der reproduzierten Abbildungen liegt bei 7 x 10 cm im
Durchschnitt. Alle Bilder erfahren somit eine Verkleinerung
von zirka 75%. Eine Aufsichtsvorlage kann Ihr Scanner verarbeiten. Sind die Originale, die Kleinbilddias brilliant, kann man
davon ausgehen, daß auch die Papierfotos eine ausreichende
Qualität besitzen.

Rote und Schwarze Farben haben fast die selbe Wellenlänge. Ein rotstichiges Bild wird in S+W reproduziert sehr dunkel.

Haben die Bilder keinen „*Rotstich*" sondern sind in der Farbgebung neutral, können Sie mit Ihrem Scanner ein Schwarz-
weies Graustufenbild einscannen. Beim Einscannen sollten Sie
bereits den Verkleinerungswert von 75% einstellen. Sind die
Bilder in ihrer Qualität gut, genügt eine Einstellung von 175,
maximal 240 dpi. Ein höherer Wert bringt in diesem Fall kein
besseres Ergebnis. In CorelDraw 3.0, in Photoshop oder einem

anderen vergleichbaren Bildbearbeitungsprogramm nehmen Sie die Rastereinstellung vor. Verwenden Sie einen 48er Raster, wenn das Papier leicht holzhaltig ist. Bei einem 60er Raster laufen Sie Gefahr, daß beim Drucken durch den Farbwertezuwachs sehr schnell ein schlechtes Ergebnis zu Stande kommt.

Wichtig ist natürlich, daß das Service-Belichtungsunternehmen auf Ihre Rastereinstellungen Rücksicht nimmt und die Einstellungen an dem Laserbelichter Ihren Vorgaben entsprechen. Dem späteren Endprodukt wird man nicht ansehen, daß Sie einen Umweg gemacht haben. Das Beispiel gilt natürlich nur für die oben aufgeführten Voraussetzungen.

Soll ein Foto farbig gedruckt werden, setzen Sie lieber professionelles Gerät ein. Sie ersparen sich eine Menge Ärger. Bei farbigen Druckschriften kann sogar der traditionelle Weg der kostengünstigere sein. Druckvorlagenvorbereitung, Reproduktionskosten, Montagekosten und Druckkosten insgesamt geben Auskunft über die Gesamtkosten.

Entscheidend sind die Gesamtkosten bei gleicher Qualität.

Drucken von zweiseitigen Dokumenten

Sie können mit der folgenden Technik doppelseitig drucken:
1. Drucken Sie die Auflage, die Sie benötigen. Im Druckmenü aktivieren Sie **Ungerade Seiten.**
2. Die bedruckten Seiten legen Sie wieder in die Papierkassette. Prüfen Sie, wie das Papier in die Papiervorratskassette eingelegt werden muß. Machen Sie mit der ersten Seite einen Test.
3. Im Druckmenü geben Sie wieder die Anzahl der Drucke an und wählen nun **Gerade Seiten.**

Testen Sie, wie Ihr Drucker den unbedruckbaren Rand einstellt. Besitzen Sie einen Laserdrucker, der über den Rand hinaus druckt, testen Sie, wie QuarkXpress eingestellt sein muß, damit bis an den Papierrand gedruckt werden kann.

Tastaturbefehle

Tastaturbefehle für Menüs

Datei

Neu	Strg + N
Öffnen	Strg + O
Sichern	Strg + S
Sichern unter	Strg + Alt + S
Text/Bild laden	Strg + E
Papierformat	Strg + Alt + P
Drucken	Strg + P
Beenden	Strg + Q

Bearbeiten

Widerrufen	Strg + Z oder Alt + ⇐
Ausschneiden	Strg + A oder ⇧ + Entf
Kopieren	Strg + C oder Strg + Einfg
Einsetzen	Strg + V oder Strg + Einfg
Alles auswählen	Strg + A
Suchen & Ersetzen	Strg + F
Allgemeine Vorgaben	Strg + Y
Typografische Vorgaben	Strg + Alt + Y

Stil für Text (Inhalt-Werkzeug ausgewählt)
Größe

Andere Größe	Strg + ⇧ + <

Stil

Standard	Strg + ⇧ + P
Fett	Strg + ⇧ + B
Kursiv	Strg + ⇧ + I
Unterstrichen	Strg + ⇧ + U
Wort unterstrichen	Strg + ⇧ + W
Durchgestrichen	Strg + ⇧ + A
Konturiert	Strg + ⇧ + O

Schattiert	Strg	+	⇧	+	S
Versalien	Strg	+	⇧	+	K
Kapitälchen	Strg	+	⇧	+	H
Hochgestellt	Strg	+	⇧	+	3
Tiefgestellt	Strg	+	⇧	+	4
Index	Strg	+	⇧	+	V
Typografie	Strg	+	⇧	+	D

Ausrichtung

Linksbündig	Strg	+	⇧	+	L
Zentriert	Strg	+	⇧	+	C
Rechtsbündig	Strg	+	⇧	+	R
Blocksatz	Strg	+	⇧	+	J
Zeilenabstand	Strg	+	⇧	+	E
Formate	Strg	+	⇧	+	F
Linien	Strg	+	⇧	+	N
Tabulatoren	Strg	+	⇧	+	T

Stil für Bilder (Inhalt-Werkzeug ausgewählt)

Negativ	Strg	+	⇧	+	-
Normaler Kontrast	Strg	+	⇧	+	N
Hoher Kontrast	Strg	+	⇧	+	H
Gerastert	Strg	+	⇧	+	P
Anderer Kontrast	Strg	+	⇧	+	C
Anderes Raster	Strg	+	⇧	+	S

Stil für Linien

Stärke

Andere	Strg	+	⇧	+	C

Objekt

Modifizieren	Strg	+	M		
Randstil festlegen	Strg	+	H		
Umfließen	Strg	+	T		
Duplizieren	Strg	+	D		
Mehrfach duplizieren	Strg	+	Alt	+	D
Löschen	Strg	+	K		
Gruppieren	Strg	+	G		

Gruppieren rückgängig   Strg + U
Festsetzen   Strg + L

Seite
Gehe zu   Strg + J

Ansicht
Ganze Seite   Strg + 0 (Null)
Originalgröße   Strg + 1 (Eins)
Lineale zeigen/verbergen   Strg + R
Sonderzeichen zeigen/
verbergen   Strg + I
Werkzeuge zeigen   Strg + ⇄ oder
   Strg + ⇧ Alt + ⇄
Maßpalette wählen   Strg + Alt + M

Hilfsmittel
Rechtschreibprüfung: Wort   Strg + W
Rechtschreibprüfung: Text   Strg + Alt + W
Trennvorschlag   Strg + H

Für Dialogboxen

OK (oder umrandeter Knopf)   Enter
Abbrechen   Esc
Anwenden   Alt + A
Um den Anwenden-Knopf
gewählt lassen   Strg +klicken auf Autom.
Ja   J
Nein   N
Nächstes Feld markieren   ⇄
Vorheriges Feld markieren   ⇧ + ⇄
Feld mit Einfügemarke
markieren   Doppelklick
Ausschneiden   ⇧ + Entf
Kopieren   Strg + Einfg
Einsetzen   ⇧ + Einfg

Für Dokument-Darstellung

Ansichten wechseln

Jede Ansicht auf Originalgröße	Klicken auf rechter Maustaste
Originalgröße auf Ganze Seite	Klicken auf rechter Maustaste
Jede Ansicht auf 200%	[Strg] +Klicken auf rechter Maustaste
200% auf Originalgröße	[Strg] +Klicken auf rechter Maustaste
Modus für vorübergehendes Erweitern Vergrößern	[⇧] +Klicken auf rechter Maustaste oder ziehen
Verkleinern	[Strg] + [⇧] + Klicken auf rechter Maustaste oder ziehen

Blättern

Dokument mit Verschiebe-Hand durchblättern (wenn Verschiebe-Hand gewählt ist)	[Alt] +Ziehen
Echtzeitbewegung des Dokumentes (wenn Echtzeitbewegung abgewählt ist)	[Alt] +Bildlauf Feld ziehen
Echtzeitbewegung des Dokumentes deaktivieren (wenn Echtzeitbewegung gewählt ist)	[Alt] +Bildlauf Feld ziehen
Linealhilfslinien löschen Linealhilfslinie löschen	[Alt] +auf Lineal Klicken

Für Text (bei gewähltem Inhalt-Werkzeug)

Einfügemarke bewegen
Bewege
zum vorherigen Zeichen — `7`
zum nächsten Zeichen — `8`
zur vorherigen Zeile — `9`
zur nächsten Zeile — `0`
zum vorherigen Wort — `Strg` + `7`
zum nächsten Wort — `Strg` + `8`
zum vorherigen Absatz — `Strg` + `9`
zum nächsten Absatz — `Strg` + `0`
zum Zeilenanfang — `Pos 1` oder `Strg` + `Alt` + `7`
zum Zeilenende — `Esc` `Num` `Druck` `Esc`
oder `Strg` + `Alt` + `8`
zum Textanfang — `Strg` + `Pos 1` oder `Strg` + `Alt` + `9`
zum Textende — `Strg` + **ENDE**-TASTE oder
`Strg` + `Alt` + `0`

Hervorgehobene Zeichen
Hervorheben
zum vorherigen Zeichen — `⇧` + `7`
zum nächsten Zeichen — `⇧` + `8`
zur vorherigen Zeile — `⇧` + `9`
zur nächsten Zeile — `⇧` + `0`
zum vorherigen Wort — `Strg` + `⇧` + `7`
zum nächsten Wort — `Strg` + `⇧` + `8`
zum vorherigen Absatz — `Strg` + `⇧` + `9`
zum nächsten Absatz — `Strg` + `⇧` + `0`
zum Zeilenanfang — `⇧` + `Pos 1` oder
`Strg` + `Alt` + `⇧` + `7`
zum Zeilenende — `⇧` + ENDE-TASTE oder
`Strg` + `Alt` + `⇧` + `.`
zum Textanfang — `Strg` + `Pos 1` + `⇧` oder
`Strg` + `Alt` + `⇧` + `9`
zum Textende — `Strg` + ENDE + `⇧` oder
`Strg` + `Alt` + `⇧` + `0`

Hervorheben durch Mausklicks

Einfügemarke setzen	Einmal klicken
Wort hervorheben	Zweimal klicken
Zeile hervorheben	Dreimal klicken
Absatz hervorheben	Viermal klicken
Ganzen Text hervorheben	Fünfmal klicken

Zum Eingeben eines Zeichens in der

Symbol Schrift	Strg + ⇧ + 0
Zapf Dingbats Schrift	Strg + ⇧ + Z

Schriftgröße ändern

Schriftgröße erhöhen
nach Vorgabe   Strg + ⇧ + .
In 1-Punkt Schritten   Strg + Alt + ⇧ + .
SchriftgröBe herabsetzen
nach Vorgabe   Strg + ⇧ + ,
In 1-Punkt Schritten   Strg + Alt + ⇧ + ,

Schriftbreite ändern

Erhöhen in 5% Schritten   Strg +]
Verkleinern in 5% Schritten   Strg + [

Unterschneidung/Spationierung
Unterschneidung/Spationierung erhöhen:

In 1/20-Geviert Schritten   Strg + ⇧ + X
In 1/200-Geviert Schritten   Strg + Alt + ⇧ + X
Unterschneidung/Spationierung verkleinern:
In 1/20-Geviert Schritten   Strg + ⇧ + Y
In 1 /200-Geviert Schritten   Strg + Alt + ⇧ + Y

Grundlinienversatz ändern

Nach oben
In 1-Punkt Schritten   Strg + Alt + ⇧ + +
Nach unten
In 1-Punkt Schritten   Strg + Alt + ⇧ + -

Zeilenabstand ändern
Zeilenabstand erhöhen
In 1-Punkt Schritten   [Strg] + [⇧] + [8]
In 1/10-Punkt Schritten   [Strg] + [Alt] + [⇧] + [8]
Zeilenabstand verkleinern
In 1-Punkt Schritten   [Strg] + [⇧] + [7]
In 1/10-Punkt Schritten   [Strg] + [Alt] + [⇧] + [7]

Absatzformate kopieren
Formate übernehmen   [Alt] + [⇧] +klicken auf Zielabsatz

Tabulatoren aus gewähltem Absatz löschen
Tabulatoren löschen   [Alt] +auf Tab.-Lineal klicken

Zeichen löschen
Löschen

Vorheriges Zeichen   [⇐]
Nächstes Zeichen   [Entf]
Vorheriges Wort   [Strg] + [⇐]
Nächstes Wort   [Strg] + [Entf]
Markierte Zeichen   [Entf] oder [⇐]

Tastaturbefehle für Menüs

Datei
Neu   [Strg] + [N]
Öffnen   [Strg] + [O]
Sichern   [Strg] + [S]
Sichern unter   [Strg] + [Alt] + [S]
Text/Bild laden   [Strg] + [E]
Papierformat   [Strg] + [Alt] + [P]
Drucken   [Strg] + [P]
Beenden   [Strg] + [Q]

Bearbeiten
Widerrufen   [Strg] +[Z] oder [Alt] + [⇐]
Ausschneiden   [Strg] +[X] oder [⇧] + [⇐]

Kopieren +EINFG	Strg +	C oder Strg
Einsetzen	Strg +	V oder Strg + Einfg
Alles auswählen	Strg +	A
Suchen & Ersetzen	Strg +	F
Allgemeine Vorgaben	Strg +	Y
Typografische Vorgaben	Strg + Alt +	Y

Stil für Text (Inhalt-Werkzeug ausgewählt)
Größe

Andere	Strg + ⇧ +	<

Stil

Standard	Strg + ⇧ +	P
Fett	Strg + ⇧ +	B
Kursiv	Strg + ⇧ +	I
Unterstrichen	Strg + ⇧ +	U
Wort unterstrichen	Strg + ⇧ +	W
Durchgestrichen	Strg + ⇧ +	A
Konturiert	Strg + ⇧ +	O
Schattiert	Strg + ⇧ +	S
Versalien	Strg + ⇧ +	K
Kapitälchen	Strg + ⇧ +	H
Hochgestellt	Strg + ⇧ +	3
Tiefgestellt	Strg + ⇧ +	4
Index	Strg + ⇧ +	V
Typografie	Strg + ⇧ +	D

Ausrichtung

Linksbündig	Strg + ⇧ +	L
Zentriert	Strg + ⇧ +	C
Rechtsbündig	Strg + ⇧ +	R
Blocksatz	Strg + ⇧ +	J
Zeilenabstand	Strg + ⇧ +	E
Formate	Strg + ⇧ +	F
Linien	Strg + ⇧ +	N
Tabulatoren	Strg + ⇧ +	T

Stil für Bilder (Inhalt-Werkzeug ausgewählt)

Negativ `Strg` + `⇧` + `-`
Normaler Kontrast `Strg` + `⇧` + `N`
Hoher Kontrast `Strg` + `⇧` + `H`
Gerastert `Strg` + `⇧` + `P`
Anderer Kontrast `Strg` + `⇧` + `C`
Anderes Raster `Strg` + `⇧` + `S`

Stil für Linien
Stärke
Andere `Strg` + `⇧` + `C`

Objekt

Modifizieren `Strg` + `M`
Randstil festlegen `Strg` + `H`
Umfließen `Strg` + `T`
Duplizieren `Strg` + `D`
Mehrfach duplizieren `Strg` + `Alt` + `D`
Löschen `Strg` + `K`
Gruppieren `Strg` + `G`
Gruppieren rückgängig `Strg` + `U`
Festsetzen `Strg` + `L`

Seite
Gehe zu `Strg` + `J`

Ansicht

Ganze Seite `Strg` + `0` (Null)
Originalgröße `Strg` + `1`
Lineale zeigen/verbergen `Strg` + `R`
Sonderzeichen zeigen/verbergen `Strg` + `I`
Werkzeuge zeigen `Strg` + `⇥` oder
 `Strg` + `⇧` + `⇥`
Maßpalette wählen `Strg` + `Alt` + `M`

Hilfsmittel

Rechtschreibprüfung: Wort `Strg` + `W`
Rechtschreibprüfung: Text `Strg` + `Alt` + `W`
Trennvorschlag `Strg` + `H`

Tastaturbefehle: Für Objekte

Objekte bewegen (Objekt-Werkzeug gewähH)

Links in 1-Punkt Schritten   `7`
Links in 0,1-Punkt Schritten   `Alt` + `7`
Rechts in 1-Punkt Schritten   `8`
Rechts in 0,1-Punkt Schritten   `Alt` + `8`
Hoch in 1-Punkt Schritten   `9`
Hoch in 0,1-Punkt Schritten   `Alt` + `9`
Runter in 1-Punkt Schritten   `Bild ↑`
Runter in 0,1-Punkt Schritten   `Alt` + `Bild ↑`

Objekte bewegen (Objekt-Werkzeug nicht gewählt) Objekte

bewegen frei   `Strg` + ziehen nur
horizontal/vertikal   `Strg` + `⇧` + Ziehen

Erstellen, VergröBern und Drehen von Objekten

Rechtecke auf Quadrate,
Ovale auf Kreise und
Objektdrehungen und
Linienwinkel auf
0°/45°/90° beschränken   `⇧` + Ziehen

Verborgene Objekte aktivieren

Objekt aktivieren   `Strg` + `Alt` + klick,
                           wo sich Objekte überlappen

Linienstärke bearbeiten

Linienstärke vergrößern
nach Vorgabe   `Strg` + `⇧` + `.`
in 1-Punkt Schritten   `Strg` + `Alt` + `⇧` + `.`
Linienstärke verkleinern
nach Vorgabe   `Strg` + `⇧` + `.`
in 1-Punkt Schritten   `Strg` + `Alt` + `⇧` + `.`

Objektvorgaben-Dialogboxen öffnen Dialogbox

öffnen   Doppelklick auf Objekt bei gewähltem Objekt-
Werkzeug

Für Paletten

Werkzeugpalette

Zeigen/nächstes Werkzeug wählen [Strg]+ [⇆]

Zeigen/vorheriges Werkzeug
wählen [Strg]+ [⇧]+ [⇆]

Werkzeug gewählt lassen [Alt]+ auf Werkzeug klicken

Werkzeug Vorgaben-Dialogbox
öffnen Doppelklick auf Objekt Erzeu
gen- oder Lupen-Werkzeug

Maßpalette

Palette zeigen/1.Feld
hervorheben [Strg]+ [Alt]+ [M]

Nächstes Feld markieren [⇆]

Vorheriges Feld markieren [⇧]+ [⇆]

Feld mit Einfügemarke
markieren Doppelklick

Verlassen/Anwenden [Enter]

Originalwert in aktivem
Feld wiederherstellen [Alt]+ [Enter]

Seitenlayout-Palette

Dialogbox Kapitel öflnen Seitenzahl unter
Dokumentseiten-Sinnbild

anklicken

Mehrere Seiten einfügen [Alt]+einen Eintrag im
Untermenü Einfügen wählen

Stilvorlagen-Palette

Dialogbox Stilvorlagen öffnen [Strg] +auf
Stilvorlgennamen klicken

Kein Stil und dann Stilvorlage
anwenden [⇧]+auf
Stilvorlagennamen klicken

Farbenpalette

Dialogbox Farben öffnen [Strg] +Farbnamen
anklicken

Sonderzeichen

Formatierung

Einzug hier-Zeichen	[Strg]+ [B]
Weiche neue Zeile	[Strg]+ [Enter]
Neuer Absatz	[Enter]
Neue Zeile	[⇧]+ [Enter]
Neue Spalte	[Enter]
Neuer Rahmen	[⇧]+ [Enter]
Rechter Einzug-Tabulator	[⇧]+ [⇥]

Trennstrich und Gedankenstrich

Harter Trennstrich	Bindestrich
Geschutzter Trennstrich	[Strg]+ [⇧]+[-]
Weicher Trennstrich	[Strg]+[-]
Weicher Bindestrich	[Strg]+[-]
Gedankenstrich	[Strg]+ [⇧]+[·]
Weicher Gedankenstrich	[Strg]+ [Alt]+ [⇧] +^

Seitennummer

Seitennummer	
des vorherigen Textrahmens	[Strg]+ [2]
des aktuellen Textrahmens	[Strg]+ [3]
des nächsten Textrahmens	[Strg]+ [4]

Zwischenraum

Leerzeichen	[ ]
Geschütztes Leerzeichen	[Strg]+ [ ]
Halbgeviert	[Strg]+ [⇧]+ [6]
Geschütztes Halbgeviert	[Strg]+ [Alt]+ [⇧] + [6]
Flexibler Leerschritt	[Strg]+ [⇧]+ [5]
Geschützter flexibler Leerschritt	[Strg]+ [Alt]+ [⇧] + [5]
Interpunktionsraum	[⇧]+ [ ]
Geschützter Interpunktionsraum	[Strg]+ [⇧]+ [ ]

^

Schriftsatz

Doppeltes Anführungszeichen öffnen	Alt + ⇧ + [
Doppeltes Anführungszeichen schließen	Alt + ⇧ +]
Einfaches Anführungszeichen öffnen	Alt + [
Einfaches Anführungszeichen schließen	Alt +]
Eingetragen	Alt + ⇧ + R
Copyright ©	Alt + ⇧ + C
Absatzsymbol n	Alt + ⇧ + 6
Paragraphsymbol §	Alt + ⇧ + 7
Aufzählungssymbol	Alt + ⇧ + .

Für Bilder (Inhalt-Werkzeug gewählt)

Bilder in aktiven Rahmen verschieben

Links in 1 -Punkt Schritten	7
Links in 0,1-Punkt Schritten	Alt + 7
Rechts in 1 -Punkt Schritten	8
Rechts in 0,1-Punkt Schritten	Alt + 8
Hoch in 1-Punkt Schritten	9
Hoch in 0,1-Punkt Schritten	Alt + 9
Runter in 1-Punkt Schritten	0
Runter in 0,1-Punkt Schritten	Alt + 0

Bilder skalieren

In 5% Schritten

Erhöhen	Strg + Alt + ⇧ + .
Verkleinern	Strg + Alt + ⇧ + .

Bildrahmen und Bilder dehnen

Rahmenform begrenzt	⇧ + Ziehen an einem Griff
Rahmen- und Bild-Proportionen beibehalten	Alt + ⇧ + ziehen an einem Griff
Bild und Rahmen skalieren	Strg + ziehen an einem Griff
Bild und Rahmen begrenzt*	

skalieren   Strg + ⇧ +Ziehen an einem
                                   Griff

Bild und Rahmen proportional
skalieren   Strg + Alt + ⇧ +
                                   Ziehen an einem Griff

(*Rechteck wird zu Ouadrat und
Oval zu Kreis)

Bilder zentrieren und anpassen
Zentrieren   Strg + ⇧ + M
Genau an den Rahmen
anpassen   Strg + ⇧ + F
Dem Rahmen anpassen
(Proportionen beibehalten)   Strg + Alt + ⇧ + F

Für Umfließen-Polygone
Griff erstellen   Strg +auf Liniensegment klicken
Griff löschen   Strg +auf Griff klicken
Linie oder Griff
auf 0°/45°/90° beschränken   ⇧ +Ziehen
Umfließen zeitweise ausschalten   [   ] beim Bearbei-
                                   ten von Umfließen-Polygonen
                                   festhalten
Umfließen-Polygon löschen   Strg +⇧ +auf Umfließen-Po-
                                   lygon klicken

Bildauflösung kontrollieren
Bild mit halber dpi-Auflösung
des Monitors laden (wenn TIFF
mit niedriger Auflösung
abgewählt ist)   ⇧ bei Bild laden gedrückt
                                   halten

Bild mit voller dpi-Auflösung
des Monitors laden (wenn
TIFF mit niedriger
Auflösung gewählt ist)   ⇧ bei Bild laden gedrückt
                                   halten

Verfügbare XTensions für QuarkXPress für Windows

Das Software-Unternehmen Quark hat weltweit für Drittanbieter – eigenständige Software-Firmen – den Quell-Code des Programms von QuarkXPress zur Verfügung gestellt. Für die Macintosh-Version gibr es bereits zahlreiche XTensions. Die ersten XTensions werden bereits auch für die Windows-Version angeboten.

Eine sehr wichtige soll in den nächsten Zeilen beschrieben werden. Es handelt sich um die XTension „Dashes". Bei der deutschen QuarkXPress-Version 3.11 ist wohl in der Eile etwas vergessen worden: ein *Erweitertes Trennmodul*. In dem amerikanischen Programm kann der Anwender in den **Vorgaben Typografie, Trennmethode** zwischen **Standard** und **Erweitert** wählen. Bei dem derzeit vorliegenden Programm fehlt diese Funktion.

In der deutschen Sprache sind die Trennregeln komplizierter als in der englischen/amerikanischen Sprache. Warum der Programm-Anbieter solch ein wichtiges Kriterium vernachlässigt, wird sicherlich selbst für Eingeweihte ein Rätsel bleiben.

Deshalb kann man nur froh sein, daß es die oben erwähnte XTension bereits für die deutsche Sprache gibt.

Das Zusatz-Programm nimmt eine korrekte Silbentrennung vor. Im Datenblatt werden 99%ige Trennsicherheit offeriert. Weitere Funktionen kommen vor, die bereits das Programm erledigen sollte: ein Verzeichnis für Trennausnahmen anlegen, Import und Export von Ausnahmelexika, Berücksichtigung der Trennung „ck" und die Berücksichtigung von Ligaturen und Dreifachkonsonanten.

Dashes trennt nur mit weichen Trennungen. Wird ein Dokument auf einem anderen System geöffnet und gedruckt, fließt der Text nicht zurück.

Bob

beinhaltet LineCheck, das XPress-Dokumente nach typographischen Kriterien auf falsche Wort- und Zeichenabstände, automatische und manuelle Trennungen, Hurenkinder und Schusterjungen oder auch Textüberläufe in zu kleingeratenen Textrahmen durchsucht. Aus dem Seitenanzeigefeld läßt sich ein Fenster herausklappen, in dem man die Seiten auswählen kann. Die Kästchen aus der Farbenpalette lassen sich verschieben und über einem Objekt plazieren, dieses Objekt nimmt dann die entsprechende Farbe an.

Box Switch

ist eine XTension, die es ermöglicht, einen Textrahmen in einen Bildrahmen umzuwandeln und umgekehrt. Die eingestellten Parameter des Ursprungsrahmens wie zum Beispiel Größe, Positionierung, Rotationswinkel etc. bleiben erhalten.

CaretPos

zeigt die exakte X/Y-Position des Cursors mit Hilfe zweier Popup-Menüs an, die Aufschluß über zum Beispiel Abstände Cursorposition – Seitenrand, Cursorposition – Textrahmenbeginn usw. geben.

Color Manager

ermöglicht das Suchen und Ersetzen von Farben (optional mit Umwandlung von Prozeß– in Schmuckfarbe). Weiter lassen sich Rasterwinkel für die Farbauszüge (Standardvorgaben für XPress) anwenderabhängig einstellen. In importierten EPSF-Dateien kann nach Farben gesucht werden. Hierbei lassen sich die gefundenen Farben automatisch in XPress erzeugen sowie ein Report ausdrucken. Das Paket wird abgerundet durch die Funktion File Mover, mit der sich XPress-Dokumente (mit allen damit verknüpften Grafik-Dateien!) in einen anderen Ordner bzw. auf die Diskette kopieren lassen. (deutsch)

Color Usage

zeigt in einem Fenster die im Dokument verwendeten Farben mit Tonwert und Typ (Text, Hintergrund, Rahmen etc.) sowie die verwendete Seite an. Weiter werden die RGB- und CMYK-Werte sowie ein Kennzeichen für die Farbseparation gezeigt.

Cool Blends

erweitert die Option „linearer Verlauf" im XPress 3.1 um sechs weitere Verläufe.

Copy Bridge

Copy Bridge ist ein Filter für XyWrite (euroscript) als Im- und Export-Filter, einschließlich Stilvorlagen. Texte werden den Rahmen zugeordnet und können im „Batch" importiert bzw. exportiert werden. Diese XTension ist ideal für redaktionelle Arbeitsgruppen. (angekündigt)

Copy Bridge/W

liest / schreibt RTF-Dateien, wie sie z.B. von Word, Word für Windows, WordPerfect etc. erzeugt werden. Der Export kann durch neue Technologien ("Hidden Text") alle XP-Formatierungen unsichtbar mitexportieren und, obwohl zum Beispiel nur 12 pt-Helvetica sichtbar ist, den Gesamttext nach der Korrektur voll formatiert wieder importieren. Ein automatischer ("Hot") - Import/Export ist vorhanden, damit alle Trennungen und damit der Zeilenfall im XP erzeugt und anschließend im Textverarbeitungsprogramm identisch dargestellt wird. Dabei wird auch die Menge an Übersatz bzw. Untersatz angezeigt. Eine Zuordnung der PC-Fonts zu den Mac-Fonts kann durch den Anwender vorgenommen werden (Voreinstellungen). Die – evtl. unterschiedlichen Zeichensätze – können durch uns angepaßt werden. (beinhaltet CopyFlow) (angekündigt)

Copy Flow

Mit Copy Flow läßt sich der Im- und Export von Texten, Grafiken, etc. automatisieren. Das heißt: Es wird eine Verbindung von einem Rahmen zu der dazugehörigen Datei geschaffen. Dieser Rahmen erhält einen Namen, wodurch man in einem Batchlauf alle Importe per Knopfdruck durchführen kann. Das auch gilt für Exporte (z.B. Weiterbearbeitung von Texten aus dem Layout). Dabei werden die Stilvorlagen beibehalten. (angekündigt)

Copy Flow Geometry

Diese XTension ermöglicht die Definition eines kompletten XPress-Dokumentes aus einer ASCII-Datei heraus, d. h. Text und Bildrahmen können erzeugt und exakt positioniert werden. Es können Seiten angefügt werden und vieles mehr. (angekündigt)

CPS XTension

bietet dem Anwender die Eingabe von Scangrafik- und Compugrafik-kompatiblen Satzkommandos über – in einem eigenen Fenster dargestellte – Keytops. Mit den leicht zu erlernenden Satzkommandos können Schriftgrößen in Versalhöhe, Didot- und Pica-Punkten eingegeben werden. Der Zeilenabstand von Schriftgrundlinie zu Schriftgrundlinie kann ebenfalls in mm eingegeben werden. Darüberhinaus ermöglicht CPS Xtension die Eingabe von Linien, Boxen und Grafiken über kurze und präzise Satzkommandos. Die erzeugten Satzdaten können auf der Festplatte gesichert und bei Bedarf wieder aufgerufen werden. Damit ist auch eine entsprechende Stehsatzübernahme aus alten Systemen gewährleistet. Die CPS Xtension bietet Satzkommandos, die bisher nur auf hochwertigen Satzanlagen verfügbar waren. Eine Help-Funktion unterstützt das Lernen der Satzkommandos. (deutsch)

Dashes

ermöglicht die qualitativ hochwertige Silbentrennung im Batchverfahren für XPress-Texte. Mit 99%-iger Sicherheit wird die korrekte Silbentrennung in allen angebotenen Sprachen durchgeführt. Die Trennqualität kann jeweils variiert werden. In der deutschen Version werden ck–Trennungen und Dreifachkonsonanten berücksichtigt. Es können mehrere Sprachen gleichzeitig geladen werden (Begrenzungen nur durch die Länge der Menüzeile). Alle Trennungen werden innerhalb eines Dokumentes gespeichert und überschreiben die XPress-Voreinstellungen bzw. XPress-Daten. Deshalb können derartige Dokumente auch auf anderen Systemen geöffnet und gedruckt werden, ohne daß der Text neu umbrochen wird. Dashes ist in folgenden Sprachen erhältlich: Deutsch, Englisch (US und UK), Spanisch, Französisch (europäisch oder kanadisch), Dänisch, Finnisch, Italienisch, Isländisch, Norwegisch, Portugiesisch, Schwedisch, Holländisch, Schweizer-Deutsch. (deutsch)

Die folgenden Sprachen benutzen z. T. unterschiedliche Fonts. Wir benötigen daher den von Ihnen eingesetzten Font, um Dashes daraufhin anzupassen:

Hebräisch, Ungarisch, Polnisch, Russisch, Türkisch, Suaheli, Kroatisch, Griechisch, Tschechisch. (deutsch)

SpellBound

beinhaltet die Rechtschreibprüfung für QuarkXPress mit der Möglichkeit, mehrere Wörterbücher gleichzeitig zu öffnen. Sieht ein Ausnahmewörterbuch vor, das nützlich ist, wenn ein bestimmter Schriftstil eingehalten werden soll, wie z. B. Disk anstelle von Disc. Ermittelt u.a. Großschreibungs-Fehler. Spell-Bound ist in den folgenden Sprachen erhältlich: Deutsch, Englisch, Französisch, Dänisch, Holländisch, Italienisch, Norwegisch, Spanisch, Schwedisch, Schweizer-Deutsch. Weitere Sprachen auf Anfrage. (deutsch)

Dashes und SpellBound im Kombi-Paket (deutsch)

DataForm Pro

erweitert die XPress-Marken um die Dataform-Marken. Damit lassen sich aus einer ASCII-Datei komplette XPress-Dokumente einschl. aller Objekte (Textrahmen, Bildrahmen und Linien) mit Inhalten und allen Attributen erzeugen. Kataloge, Preislisten etc. können erstmals komplett aus einer Datenbank heraus erstellt – und auf Wunsch auch partiell aktualisiert – werden. Weiterhin erlaubt diese XTension auch den Export eines XP-Dokuments in eine ASCII-Datei zum Aktualisieren der Datenbank. (deutsch) (angekündigt)

FlexScale

Mit dieser XTension läßt sich eine horizontale und vertikale (getrennt einstellbar) Skalierung des Dokumentes beim Ausdruck zwischen 50% und 150% mit 2 Nachkommastellen erzielen.

LockOut

Diese XTension bietet Schutz Ihrer (persönlichen) Dokumente durch ein Passwort. Diese Dokumente können nicht wieder geöffnet werden, auch wenn LockOut nicht installiert ist – die Dateien sind sicher. Ein Muß für jeden Anwender, der pivate Dokumente erstellt.

Magnify

Diese XTension erlaubt eine Bildschirmvergrößerung auf 1600% (XPress bietet 400%). Das ermöglicht eine noch exaktere Positionierung. Zudem merkt sich Lepton Magnify die letzten zehn Skalierungen, die verwendet wurden, um dem Benutzer die Bedienung zu erleichtern.

MissingLink

Diese XTension ermöglicht das „Einfrieren" von Texten in verketteten Textrahmen. Rahmen (auch verkettet), die bereits Text enthalten, können mit anderen Rahmen verkettet bzw. wieder unterbrochen werden, ohne daß sich der Inhalt verändert. Mit dieser XTension können verkettete Rahmen zwischen Dokumenten kopiert und in Bibliotheken übernommen werden.

Nudge Master

bietet interaktive Kontrolle beim Positionieren von Elementen auf einer Seite. Präzise Bestimmung der Verschiebung in alle Richtungen – sogar diagonal – ist möglich. Außerdem wird die Rotation von Objekten, egal ob im oder gegen den Uhrzeigersinn, unterstützt. Diese Funktionen sind auch bei gruppierten Elementen verfügbar.

Overset

ist ein nützliches Werkzeug für die Textverarbeitung im QuarkXPress. Bei einem Doppelklick auf das Überlaufzeichen wird ein weiterer temporärer Rahmen angelegt, der den nicht darstellbaren Text enthält. Wird der Text dem bestehenden Bildrahmen angepaßt, der Textüberlauf also beseitigt, verschwindet der temporäre Rahmen wieder.

Picture Master

vereinfacht das Arbeiten mit Bildrahmen. Einzelne Bilder oder auch ganze Bildrahmen können unterdrückt werden (Bildschirmausgabe und/oder Druck) – angezeigt auf dem Bildschirm als graues Rechteck. Der Bildschirmaufbau wird dadurch entsprechend beschleunigt (wichtig für umfangreiche Dokumente mit vielen Bildern). Eine Anpassung des Bildrahmens an das importierte Bild ist ebenfalls möglich, sogar bei rotierten Rahmen.

PinPointXT

ist ein PostScriptfehler-Reporter. Treten beim Drucken/Belichten eines XPress-Dokumentes PostScript-Fehler auf, wird das Dokument bis zum Auftreten des Fehlers aufgearbeitet und ausgedruckt. Anschließend wird ein Fehlerprotokoll mit dem genauen Ablauf gedruckt. Durch diese exakte Fehlerbestimmung und die Lösungsvorschläge im Handbuch (englisch) werden Fehlerquellen erkannt und können eliminiert werden.

Power Preferences

ermöglicht das Festsetzen von Werten wie Zeilenabstand, Schriftgröße, Grundlinienverschiebung, Linienstärken etc. für ständig wiederkehrende Routinearbeiten. Verbesserter Bildimport, automatisches Zentrieren innerhalb eines Bildrahmen, Wahl der Auflösung bei TIFF-Importen und vieles mehr!

Print Master

übernimmt die Steuerung der Belichtung von EPS-Dateien. Außerdem können nun mehrere Seiten oder auch nur ein Bereich einer Seite als EPS abgespeichert und belichtet werden.

Resize XT

Bilder lassen sich hiermit numerisch zwischen 20% und 400% der Größe skalieren (auch gruppiert). Für die Benutzung wird ein neues Werkzeug in der XPress-Werkzeugleiste hinzugefügt.

Skew Master

ermöglicht das Neigen und „Biegen" von Text- und Bildrahmen von –75 bis 75 Grad durch das direkte Eingeben der entsprechenden Werte. Diese Einstellungen werden dann für alle Text-/Bildrahmen angezeigt. So lassen sich interessante 3-D-Effekte erstellen. Der Text bleibt weiterhin voll editierbar.

Son of Bob

Mit dieser XTension kann die Seitenansicht prozentual verändert werden. Durch eine Voreinstellung können Sie automatisch die „richtigen" Anführungszeichen schreiben. Eine weitere Option ermöglicht es, die Scrollgeschwindigkeit zu erhöhen. In allen Eingabefeldern kann multipliziert und dividiert werden. Die Halbtonausgabe wird verbessert.

Sonar Bookends

ermöglicht das schnelle Generieren von Indizes. Es werden außer QuarkXPress auch andere Dateiformate unterstützt, zum Beispiel Word für Windows und WordPerfect. Index-Einträge können unter Berücksichtigung vieler Kriterien sortiert und generiert werden: Wortreihenfolge, Sonderzeichen usw. (angekündigt)

Sonar TOC

setzt Sonar Bookends voraus. Erweiterte Möglichkeiten: Indizes lassen sich basierend auf XPress-Stilvorlagen erstellen; markierte Passagen im Text werden in die Index-Liste aufgenommen; (unsichtbare) Kommentare können integriert werden – während Bookends das Verzeichnis generiert, werden Objekte im Kommentar mit den entsprechenden Seitenziffern versehen. (angekündigt)

Spectre Seps QX

ermöglicht die volle Vierfarbseparation von Farbtiffs und RGB-Bildern, sowie das Einstellen von Rasterwinkel, Rasterweiten, UCR (Undercolor Removal), GCR-Aufbau, CMYK-Farbkorrektur, speicherbare Gradationskurven, Druckzuwachs etc. für jedes einzelne Bild. (angekündigt)

TableWorks

Mit dieser XTension wird XPress um eine mächtige Tabellensatz-Funktion erweitert. Die Tabellenzellen bestehen aus XPress-Rahmen mit allen Formatierungsmöglichkeiten. Die Definition von Stilvorlagen für Tabellen, Spalten und reihenweises Arbeiten, globale Größenänderung der Zellen, Rotieren von Zellen und Zelleninhalten, das „Abonnieren" von Excel-Dokumenten sowie konfigurierbarer Textimport sind weitere Features. (angekündigt)

Time Stamp

Hiermit lassen sich sehr einfach Datum/Uhrzeit in unterschiedlichen Formaten als Stempel in das Dokument übernehmen. Bei jedem Sichern des Dokuments wird automatisch das aktuelle Systemdatum „gestempelt".

Stichwortverzeichnis

Vieweg Software-Trainer Microsoft Access für Windows

von Dagmar Sieberichs und Hans-Joachim Krüger

1993. XII, 661 Seiten mit Diskette. Gebunden
ISBN 3-528-05312-7

Das Buch ist das Komplettwerk zu Microsoft Access für Windows. Es vermittelt im ersten Teil allgemeine Kenntnisse zu Windows, theoretische Grundlagen zum Design relationaler Datenbanken sowie Kenntnisse zur Datenabfragesprache SQL. Im weiteren stellt das Buch professionelle Techniken des Datenbankdesigns unter Access vor, die anhand einer mitgelieferten Anwendung, einem ausgefeilten Vertriebsinformationssystem, illustriert werden. Den Abschluß bildet eine fundierte Einführung in die Programmierung unter Access mittels Access Basic.

Neue Postleitzahlen ab 01.07.1993:
Postfach 58 29, D-65 048 Wiesbaden
Für Direktzustellung:
Faulbrunnenstr. 13, D-65 183 Wiesbaden

Verlag Vieweg · Postfach 58 29 · D-6200 Wiesbaden 1

Präsentieren wie ein Profi mit Microsoft PowerPoint 3.0

von Hans Georg Oehring

1993. VIII, 368 Seiten mit Diskette. Gebunden.
ISBN 3-528-05313-5

Dieses Buch geht über die Darstellung des rein technischen Handlings von MS-PowerPoint 3.0 hinaus. Es ist eine solide und kompetent gemachte Einführung in die immer bedeutender werdende Welt der computergestützten Präsentation. Der Schwerpunkt des Buches liegt neben der Darstellung von Präsentationstechniken auf Voraussetzungen, Hintergründen und Gestaltungsregeln für überzeugende und professionell gemachte Präsentationen. Schritt für Schritt wird der Leser am Beispiel von MS-PowerPoint mit dem Aufbau einer Präsentation vertraut gemacht. Ein Regelwerk, Anregungen und viele Tips zu inhaltlichen und gestalterischen Fragen helfen dem „Nicht-Fachmann", seine Präsentationen sinnvoll und anspruchsvoll anzulegen. Orientiert an praktischen Anforderungen entwickelt das Buch eine schwarz-weiß Präsentation für den OHP. Schließlich wird die Erstellung von Farbdias für den Projektor, die auch über den Bildschirm ausgegeben werden können, veranschaulicht.

Der Autor Dipl.-Designer Hans Georg Oehring ist als freiberuflicher DV-Unternehmensberater tätig.

Neue Postleitzahlen ab 01.07.1993:
Postfach 58 29, D-65 048 Wiesbaden
Für Direktzustellung:
Faulbrunnenstr. 13, D-65 183 Wiesbaden

Verlag Vieweg · Postfach 58 29 · D-6200 Wiesbaden 1